Thomas Kusserow

Der Mathe-Dschungelführer

Stochastik

Bernoulli-Experimente

Thomas Kusserow
Der Mathe-Dschungelführer
Stochastik: Bernoulli-Experimente

1. Auflage 11/2007, Buch-Edition

Idee, Gestaltung und Text: Thomas Kusserow
Alle Rechte und die Verantwortung für den Inhalt liegt beim Autor

Internet: www.der-abi-coach.de
Email: info@der-abi-coach.de

Druck & Verlagsservice:
www.1-2-Buch.de – Buchprojekte kostengünstig realisieren
27432 Ebersdorf

Ein Titeldatensatz für diese Publikation ist bei der
Deutschen Nationalbibliothek erhältlich.

Das Buch dient als wertvolle Unterstützung für Schüler, die die relativ hohen Kosten des persönlichen Nachhilfeunterrichtes scheuen. Es kann weder den Unterricht, noch die regelmäßige Teilnahme an den Hausaufgaben oder die persönliche Unterstützung durch einen kompetenten Nachhilfelehrer ersetzen. Nutze es wie eine gute Ergänzung, und es wird eine gute Ergänzung sein!

Dieses Buch wurde mit großer Sorgfalt und auf Basis gängiger Lehrmaterialien erstellt. Dennoch kann nicht ausgeschlossen werden, dass sich Fehler oder formale Abweichungen zu deinem Lehrmaterial finden. Es kann daher keine Haftung für die Vollständigkeit und Richtigkeit der Inhalte übernommen werden.

Sollten in diesem Buch wider Erwarten die Marken-, Patent-, Namens- oder ähnliche Lizenzrechte Dritter verletzt worden sein, so bittet der Autor um sofortige direkte Kontaktaufnahme. Bei berechtigten Beschwerden sichert der Autor sofortige Behebung des verletzenden Tatbestandes zu. Daher ist es nicht erforderlich, einen kostenpflichtigen Anwalt einzuschalten.

Aus Gründen der Übersichtlichkeit wird jeweils nur die männliche Form eines Wortes genannt. Mit „Schülern" sind selbstverständlich auch die Schülerinnen gemeint. In Anlehnung an den Nachhilfeunterricht für die Zielgruppe der 16- bis 20-Jährigen, die meistens mit „Du" statt mit „Sie" angesprochen werden möchten, verwendet dieses Buch die 2. Person Singular.

Der Autor ist für jeden Verbesserungshinweis dankbar. Fragen, Lob und Kritik können auf www.der-abi-coach.de übermittelt werden. Dort findet sich auch das aktuelle Verlagsprogramm.

ISBN 978-3-940445-23-0

Inhalt

Vorwort

Wer die anderen drei Bücher der Mathe-Dschungelführer-Reihe schon kennt, weiß es bereits: Dies ist kein gewöhnliches Mathebuch. Vielen Themen, die sich in der täglichen Nachhilfepraxis immer wieder als knifflig erweisen, werden hier mit Beispielen und Texterklärungen vertieft.

Der Anspruch vom Mathe-Dschungelführer ist es, alle Zusammenhänge klar und logisch zu erklären, selbst wenn dafür die wissenschaftliche Präzision und Vollständigkeit hinten an stehen müssen. Denn die Leser dieses Buches sind keine zukünftigen Mathematik-Studenten, sondern Schüler, die merken, dass sie mit den Mitteln der Schule allein nicht weiter kommen.

Gleichwohl wird es nötig sein, dass du an vielen Stellen sehr geduldig und langsam durch die Kapitel liest, denn ganz trivial können die Erklärungen zu einem so komplexen Thema natürlich auch nicht sein. Bitte nimm dir die Zeit – umso schneller werden deine Gedanken bei Prüfungen und Hausaufgaben in die richtige Richtung gehen.

An dieser Stelle geht mein herzlicher Dank an die Gruppe aktiver Leser, die mir durch Emails und Feedback regelmäßig helfen, die Mathe-Dschungelführer-Buchreihe noch weiter zu verbessern. Mittlerweile haltet Ihr den vierten Dschungelfüher in den Händen. Das ist auch Euer Verdienst!

Thomas Kusserow
Wiesbaden, im Oktober 2007

Zum Autor

Thomas Kusserow ist Jahrgang 1974, Diplom-Wirtschaftsingenieur und verheiratet. Schon zu seinen eigenen Schul- und Studienzeiten gab er Nachhilfe, hauptsächlich in Mathe und naturwissenschaftlichen Fächern. Nach einer 5-jährigen Tätigkeit als Angestellter in der Industrie, in der keine Zeit für Nachhilfe war, ist er seit 2004 selbständig. Der Schwerpunkt seiner heutigen Tätigkeit liegt in der Nachhilfe für Oberstufenschüler und Studenten, hauptsächlich in Mathe und Physik. Die meisten davon verzeichnen deutliche Erfolge, in einigen Fällen entdecken die Schüler sogar ein Mathe-Talent, das in ihnen schlummerte. Aktuelle Informationen rund um seine Nachhilfe finden sich auf der Webseite www.der-abi-coach.de.

So benutzt du dieses Buch

Dieses Buch ist für das intensive Selbst-Studium konzipiert. Das bedeutet: Es gibt keinen einzigen richtigen Weg, wie du es benutzen solltest. Das Buch gliedert sich in einen Erklärungsteil und einen Aufgabenteil mit Lösungen, bei dem nochmals sehr viele Erklärungen geliefert werden. Im Anhang findet sich der Glossar, wo verwendete Fachbegriffe knapp und präzise erklärt werden.

Wenn du die dargestellten Themen schon einmal beherrscht hast und vielleicht nur noch zur Abitur-Prüfung wieder auffrischen möchtest, kannst du möglicherweise schnell über den ersten Abschnitt hinweglesen und sofort an die Aufgaben gehen. Wenn du noch gar nicht mit der Materie vertraut bist, solltest du jeden Satz langsam und aufmerksam lesen und stets sicher sein, dass du das Gesagte verstanden hast, bevor du weiterliest. In jedem Fall empfehle ich, immer einen Bleistift und ein weißes Blatt Papier griffbereit zu haben, denn an vielen Stellen, z.B. beim Umgang mit kleiner-gleich- und größer-gleich-Ausdrücken, tritt der Lerneffekt erst dadurch ein, dass du noch einmal versuchst, das Dargestellte selbst zu entwickeln.

Trotz Vereinheitlichung und ähnlichen Lehrplänen überall gibt es manche Dinge, die einzelne Klassenlehrer unterschiedlich behandeln. Manche möchten die Wahrscheinlichkeit als Prozentwert angegeben haben, manche als Dezimal-Zahl zwischen Null und Eins, wieder andere bevorzugen Brüche. Ich benutze für die Ergebnisse im Regelfall Dezimalzahlen, die ich auf sinnvolle Art runde, häufig auf drei oder mehr gültige Ziffern.

Bitte denke immer daran, dass es in der Stochastik, wie eigentlich in der ganzen Mathematik, darauf ankommt, durch logisches Denken von sachlichen Zusammenhängen zu Formeln zu gelangen. Meine Beobachtung aus der Nachhilfe ist, dass sich viele Schüler nicht genug Zeit nehmen und dabei oft aus Nachlässigkeit wichtige Dinge übersehen. Mein Tipp: Arbeite ruhig und langsam und genieße (!) den Lernerfolg, der sich Schritt für Schritt einstellt. Halte bei den Beispielen inne und versuche zuerst, mit dem was du schon weißt, sie zu lösen. Blättere ruhig einmal ein paar Seiten wieder zurück, um das Gesagte in einen Zusammenhang mit dem schon Bekannten zu bringen. Wer dieses Buch einfach wie einen Roman von vorne nach hinten durchliest, wird das Wichtigste verpassen. Ganz so leicht ist es nicht, denn für den Inhalt dieses Buches brauchen auch viele Schulklassen immerhin rund 6 – 12 Doppelstunden.

1. Bernoulli-Experimente

1.1. Einführung

Als Bernoulli-Experimente bezeichnet man eine bestimmte Art von Wahrscheinlichkeits-experimenten, bei denen eine Zufallsgröße X die Anzahl der „Treffer" zählt, die nach n-maligem Wiederholen eines Einzelexperimentes entstehen. In der Schule wird dieses Thema, sofern der Lehrer strukturiert arbeitet, typischerweise behandelt, nachdem folgende Themen schon bekannt sind:

- Grundsätzliche Strukturierung von Wahrscheinlichkeitsexperimenten in Bäumen[1]
- Unterscheidung der vier Fälle mit und ohne Zurücklegen und
  mit und ohne Berücksichtigung der Reihenfolge[1]
- Begriff der Zufallsgröße[2] mit den beschreibenden Parametern
  Erwartungswert μ und Standardabweichung σ

Da die treuen Leser der Mathe-Dschungelführer-Reihe in diesem Buch zu Recht etwas Neues erwarten, werde auch ich dieses Wissen hier voraussetzen bzw. das Bekannte nur noch am Rande knapp erläutern. Das folgende Beispiel dient als Übergang in das Thema und wird zunächst mit den „klassischen" Methoden Wahrscheinlichkeitsbaum und kombinatorische Überlegung gelöst.

1.2. Beispiel 1: 5x Würfeln

Ein Laplace-Würfel[3] wird fünf Mal geworfen. Dabei soll die Wahrscheinlichkeit für folgende Ereignisse ermittelt werden:

A: 5x hintereinander die Augenzahl 1
B: 5x hintereinander eine von 1 abweichende Augenzahl
C: Im ersten, dritten und fünften Wurf eine 1, in allen anderen Würfen keine Eins
D: In einer bestimmten, vorher festgelegten Reihenfolge dreimal die Eins
E: In irgendeiner Reihenfolge dreimal die Eins

---

[1] Mehr zum Thema im Mathe-Dschungelführer Stochastik – Kombinatorik 1. Eine Ausgabe Kombinatorik 2 ist für die Zukunft geplant.
[2] Mehr zum Thema im Mathe-Dschungerlführer Stochastik - Zufallsgrößen
[3] Zur Definition siehe Glossar, Seite 53

Es gehört mittlerweile zum festen Bestandteil meiner Dschungelführer-Themenbücher, dass der Leser sich an dieser Stelle bitte erst einmal selbst Gedanken machen sollte. Also bitte erst selber überlegen, dann weiterlesen!

Ich empfehle meinen Nachhilfeschülern bei solchen Aufgaben grundsätzlich die Erstellung eines Wahrscheinlichkeitsbaumes (siehe Abbildung 1, Seite 8). Der Schlüssel zum Erfolg liegt hier darin, dass man nicht etwa 6 Verzweigungen pro Stufe ansetzt, das wäre viel zu unübersichtlich, sondern nur 2. Schließlich werden in all diesen Aufgaben nur die Elementar-Ereignisse „Augenzahl 1" und „Augenzahl Nicht-Eins" unterschieden. Bei der Ermittlung der Wahrscheinlichkeit für diese beiden Elementar-Ereignisse sollte man erkennen, dass es sich, wenn man sich ein entsprechendes Urnen-Kugel-Modell bildet, um ein Experiment „mit Zurücklegen" handelt. Weiterhin ist für einige der Fragen, nämlich C und D, die Reihenfolge des Ergebnisses entscheidend.

Im Baum habe ich die Augenzahl 1 als Elementar-Ereignis „E" bezeichnet und die Nicht-Eins als „N". Die zugehörigen Zweig-Wahrscheinlichkeiten sind natürlich $P(E)= 1/6$ und $P(N)=5/6$.

Durch das fünfmalige Würfeln ergeben sich jeweils Ergebnisse[4], die aus fünf Elementar-Ereignissen bestehen. Diese habe ich in Kurzschreibweise am Ende der entsprechenden Pfade des Baumes notiert, z.B. steht „EENEN" für:
Erster Wurf: Eins – Zweiter Wurf: Eins – Dritter Wurf: Nicht-Eins – Vierter Wurf: Eins und fünfter Wurf: Nicht-Eins.
Je nach Lehrer und Buch sind andere Schreibweisen möglich, z.B. als sogenanntes 5-Tupel (E,E,N,E,N) oder (E|E|N|E|N) oder als Menge mit Mengenklammer {(E|E|N|E|N)}.

Rechts daneben folgen die gerundeten Wahrscheinlichkeiten für das jeweilige Ergebnis. Kenner wissen: Diese werden durch Multiplikation der zugehörigen Zweigwahrscheinlichkeiten[5] entlang des entsprechenden Pfades ermittelt, also im Baum ausgehend von links und in Gedanken nach rechts wandernd.

Das Ergebnis EENEN hat beispielsweise die Wahrscheinlichkeit
P(„EENEN")= 0,0032 bzw. 0,32%

---

[4] Den Begriff „Ergebnis" verwende ich für das Ergebnis nach 5x würfeln und spreche für das einzelne Würfeln vom „Ereignis" oder „Elementar-Ereignis". Ein Ergebnis besteht demnach aus einer geordneten Folge von fünf Ereignissen. Andere Begriffe, zum Teil für beides verwendet, sind hier auch möglich, z.B. „Versuchsergebnis", „Gesamtergebnis". Die Begriffe sollten normalerweise aus dem Kontext klar erkennbar werden.

[5] die sog. „Pfadmultiplikationsregel"

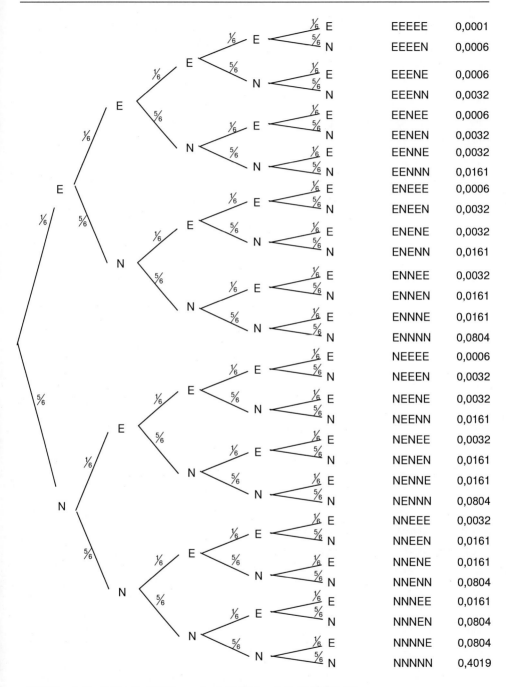

Abbildung 1: 5x würfeln, Auswertung nach „E: Einser" und „N: Nicht-Einser"

Um die Wahrscheinlichkeiten der „Ereignisse" A,B,C,D,E zu bestimmen, muss man die entsprechenden Wahrscheinlichkeiten aller zugehörigen Ergebnisse im Baum finden und, soweit das Ereignis auf mehrere Arten bzw. durch mehrere Ergebnisse zustande kommt, aufaddieren.

A: 5x hintereinander die Augenzahl 1

P(A) = P(„EEEEE") = 0,0001 (entspricht dem obersten Pfad im Baum)

Wer es ohne Baum lösen möchte, rechnet kombinatorisch:

$$P(A) = \frac{1}{6} \cdot \frac{1}{6} \cdot \frac{1}{6} \cdot \frac{1}{6} \cdot \frac{1}{6} = \left(\frac{1}{6}\right)^5 \approx 0,0001$$

B: 5x hintereinander eine von 1 abweichende Augenzahl

P(B) = P(„NNNNN") = 0,4019

Oder die entsprechende kombinatorische Lösung:

$$P(B) = \frac{5}{6} \cdot \frac{5}{6} \cdot \frac{5}{6} \cdot \frac{5}{6} \cdot \frac{5}{6} = \left(\frac{5}{6}\right)^5 \approx 0,4019$$

C: Im ersten, dritten und fünften Wurf eine 1, in allen anderen Würfen keine Eins

P(C) = P(„ENENE") = 0,0032

Oder kombinatorisch:

$$P(C) = \frac{1}{6} \cdot \frac{5}{6} \cdot \frac{1}{6} \cdot \frac{5}{6} \cdot \frac{1}{6} = \frac{1}{6} \cdot \frac{1}{6} \cdot \frac{1}{6} \cdot \frac{5}{6} \cdot \frac{5}{6} = \left(\frac{1}{6}\right)^3 * \left(\frac{5}{6}\right)^2 \approx 0,0032$$

D: In einer bestimmten, vorher festgelegten Reihenfolge dreimal die Eins

Ein kleines Wort macht hier einen großen Unterschied: „eine bestimmte" Reihenfolge. P(D) = 0,0032 , denn alle Pfade, die auf eine bestimmte Art und Weise drei Einser mit zwei Nicht-Einsern kombinieren, haben jeweils die Wahrscheinlichkeit 0,0032. Am Baum kann man wie folgt argumentieren: Alle anderen Pfade/Ergebnisse kombinieren entweder weniger oder mehr Einser mit einer entsprechenden Zahl von Nicht-Einsern. Da die Reihenfolge eine „bestimmte" sein soll, darf man NICHT die Ergebnis-Wahrscheinlichkeiten ALLER dieser Ergebnisse aufaddieren. Anders gesagt: Hat man sich auf die bestimmte Anordnung, z.B. EEENN festgelegt, so gilt das Ergebnis EENEN nicht mehr als Eintreten des Ereignisses D.

Dass die Wahrscheinlichkeit aller „bestimmten Ergebnisse mit genau drei Einsern" immer 0,0032 beträgt, lässt sich kombinatorisch beweisen, wenn man die Rechnung von P(C) nochmal genau unter die Lupe nimmt. Im ersten Schritt wird für jeden einzelnen der fünf Würfe ein Bruch gebildet, der der Wahrscheinlichkeit des Elementar-Ereignisses „Eins" $P(E)=1/6$ bzw. „Nicht-Eins" $P(N)=5/6$ entspricht. Diese Brüche werden miteinander multipliziert. Da die Multiplikation in ihrer Reihenfolge vertauschbar ist[6], kann man die Brüche auch umsortieren, wie es im zweiten Umformschritt bei P(C) zu sehen ist, und schließlich als Potenz-Ausdrücke zusammenfassen (siehe dritter Umformschritt). Die Wahrscheinlichkeit hier ist also immer gleich und von der Reihenfolge der Einser im Ergebnis unabhängig.

E: In irgendeiner Reihenfolge dreimal die Eins

Im Gegensatz zu D wird bei E lediglich verlangt, dass genau dreimal die Eins fällt. Hier muss man die Wahrscheinlichkeiten am Ende der zugehörigen Pfade addieren, denn es gehören 10 Ergebnisse zu diesem Fall. Um alle zu „erwischen", geht man sie im Baum am besten von oben nach unten ab.

$$
\begin{aligned}
P(E) \quad &= P(EEENN) + P(EENEN) + P(EENNE) + P(ENEEN) + P(ENENE) + P(ENNEE) \\
&\quad + P(NEEEN) + P(NEENE) + P(NENEE) + P(NNEEE) \\
&= 0,0032 + 0,0032 + \ldots + 0,0032 \\
&= 10 * 0,0032 \\
&= 0,032
\end{aligned}
$$

Um hier eine kombinatorische Lösung zu finden, müssen diesmal zwei Fragen beantwortet werden:

1. Wie groß ist die Wahrscheinlichkeit, die drei Einser auf EINE BESTIMMTE Art zu erzeugen? Dies entspricht $P(D)=0,0032$.
2. Wie viele Arten/Anordnungsmöglichkeiten gibt es insgesamt, drei Einser (selbstverständlich immer kombiniert mit zwei Nicht-Einsern, um die fünf Würfe zu füllen) darzustellen? Hier sind es 10.

Beide Fragen werden mit der Formel von Bernoulli beantwortet, wie ich im Folgenden erkläre.

---

[6] Dies nennt man auch „Kommutativ-Gesetz".

1.3. Verallgemeinerung von Beispiel 1 – fünfmaliges Würfeln

Die Formel von Bernoulli, die gleich kommt, arbeitet wie jede andere Formel auch mit einigen Variablen, die ich nun am Beispiel 1 verdeutliche.

- **n** bezeichnet die Anzahl der Würfe, im Beispiel sind es n = 5.
- **p** – und zwar bitte immer der Kleinbuchstabe! – ist die Wahrscheinlichkeit des Elementarereignisses „Würfeln einer Eins". Dies habe ich oben mit P(E) bezeichnet. Es gilt p = 1/6
- **q** ist die Wahrscheinlichkeit des Gegenereignisses zum Elementarereignis „Würfeln einer Eins", also in diesem Beispiel die Wahrscheinlichkeit P(N) für das Elementar-Ereignis „Würfeln einer Nicht-Eins" mit P(N) = 5/6. Aufgrund der Beziehung zwischen Ereignis und Gegenereignis gilt: q = 1– p = 5/6
- **k** ist die Häufigkeit des Auftretens des mit p versehenen Elementar-Ereignisses, nachdem die 5 Würfe umfassende Versuchskette abgeschlossen ist. Dies ist in den Fragestellungen A bis E zumeist unterschiedlich.

Damit die Formel von Bernoulli überhaupt angewendet werden darf, müssen die folgenden **drei wichtigen Voraussetzungen** erfüllt sein. Diese sollte man sich genauso wie das allgemein anwendbare Vokabular merken, um Verwechslungen mit anderen Wahrscheinlichkeits-Experimenten zu vermeiden.

1. Treffer-Niete Kriterium:

Bei jedem einzelnen Wurf/Zug/Auslosung/Spiel/Versuch, den ich als „Elementar-Ereignis" bezeichne, darf es nur zwei mögliche Ausgänge geben. Dann ist oft die Bezeichnung des einen Ausganges als „Erfolg" und des anderen Ausganges als „Misserfolg" sinnvoll. Ich bevorzuge die etwas prägnanteren Begriffe „Treffer" und „Niete". Sehr wichtig: Außer Treffern und Nieten darf kein anderer Ausgang des Experimentes möglich sein. In Beispiel 1 ist dies der Fall, es gibt nur „Einser" (Treffer) und „Nicht-Einser" (Nieten). p ist also immer die „Trefferwahrscheinlichkeit" und q die „Nietenwahrscheinlichkeit".

2. Ziehen „mit Zurücklegen":

Das „Bernoulli-Experiment" besteht aus einer Reihe/Folge/Kette von n Einzelversuchen. Wichtig dabei (Achtung – häufige Fehlerquelle!): Die Einzelversuche müssen jeweils eine konstante Treffer- und Nietenwahrscheinlichkeit p und q haben, d.h. die n Einzelversuche müssen GLEICHARTIG sein. Ein entsprechendes Urnenmodell wäre „mit Zurücklegen".

3. Reihenfolge der Treffer egal:

Im Ergebnis ist nur die Frage wichtig: WIE VIELE TREFFER gab es insgesamt? Dies signalisiert die Variable k. Die Frage: AN WELCHER STELLE gab es die Treffer? – wie z.B. bei P(C), wo die Reihenfolge zählt, hat nichts mit der Formel von Bernoulli zu tun.

Sind alle drei Kriterien erfüllt, so handelt es sich um ein „Bernoulli-Experiment". Die Formel von Bernoulli gibt dann die Wahrscheinlichkeit dafür an, dass nach n Einzelexperimenten genau k Treffer erzielt werden. Üblicherweise „zählt" man die Anzahl der Treffer mit der Zufallsgröße X und schreibt dann:

$$P(X = k) = \binom{n}{k} \bullet p^k \bullet q^{n-k} \qquad \text{oder} \qquad P(X = k) = \binom{n}{k} \bullet p^k \bullet (1-p)^{n-k}$$

Dabei stehen die einzelnen Teile für Folgendes:

$P(X = k)$: Sprich: „P von X ist gleich k". Die Wahrscheinlichkeit dafür, dass die Zufallsgröße X, also der „Trefferzähler", nach der Beendigung der Versuchsreihe genau k Treffer zählt. Sie muss natürlich immer zwischen 0 und 1 liegen!

$\binom{n}{k}$ Sprich: „n über k". Die Anzahl der Anordnungsmöglichkeiten[7] bzw. „Arten" eines solchen Ergebnisses. Der Ausdruck gibt an: Auf wie viele Arten können k Treffer mit n minus k Nichttreffern in einer Versuchsreihe der Länge n miteinander kombiniert werden. Oder, mit der bei P(D) auf Seite 9 verwendeten Sprache: Wie viele „bestimmte Ergebnisse" gibt es, die genau k Treffer enthalten? Ein heißer Tipp: Am Taschenrechner hat diese Funktion oft die Bezeichnung „nCr".

p^k „p hoch k" steht für die Wahrscheinlichkeit, dass das Trefferereignis genau k mal eintritt.

q^{n-k} „q hoch n minus k" steht für die Wahrscheinlichkeit dass in allen übrigen Würfen, nämlich n – k an der Zahl, das Nietenereignis eintritt.

---

[7] mathematisch auch als „Permutationen" bezeichnet. Die Leser des Mathe-Dschungelführers „Stochastik – Kombinatorik 1" wissen, dass dieser Ausdruck auch als „die Anzahl der Möglichkeiten, eine k-Menge aus einer n-Menge zu greifen", gesehen werden kann. Stellt man sich die Ergebniskette des Bernoulli-Experimentes als Tableau vor, welches mit den Buchstaben T für die Treffer und N für die Nieten gefüllt wird, so gibt es im Tableau eine Menge von k „Plätzen" zu vergeben, die mit dem Buchstaben T belegt werden müssen, aus einer Gesamtmenge von zur Verfügung stehenden n Plätzen. Die k Treffer-Plätze könnten im Rahmen eines Losverfahrens gleichzeitig aus einer Urne mit n nummerierten Kugeln gezogen werden. Dann gäbe „n über k" mögliche Auslosungen.

Hier nun das „Kochrezept" zum Rechnen mit der Bernoulli-Formel:

Schritt 1: Sich fragen, ob die drei Kriterien zutreffen

Schritt 2: Die Variablen n, p, q, dann als letzte k bestimmen

Schritt 3: Einsetzen in die Formel, ab damit in den Taschenrechner, und fertig.

Ich komme nochmals zurück auf Beispiel 1 und die Ereignisse A bis E, um die Methodik zu verdeutlichen. Wer es sich zutraut, sollte gerne erst einmal selber versuchen.

A: 5x hintereinander die Augenzahl 1

Schritt 1: Drei Kriterien

- Treffer-Niete-Kriterium...ist erfüllt, es werden nur zwei Elementarereignisse unterschieden, die gemeinsam alle Möglichkeiten abdecken, mit $p = P(E) = 1/6$ und $q = P(N) = 5/6$.

- Ziehen mit Zurücklegen...ist erfüllt, da es sich um ein Würfelexperiment handelt.

- Reihenfolge egal?...ja, denn fünf Einser nacheinander können nur in einer Reihenfolge („auf eine Art" / „in einer Permutation") erscheinen.

Schritt 2: Variablen bestimmen

n=5 Würfe, p=1/6, q =5/6.

k ist die Anzahl der Treffer, also die Anzahl des Eintreffens des Ereignisses „Augenzahl 1" in 5 Würfen. Sollen es wie hier NUR Einser sein, ist k=5. Die gesuchte Wahrscheinlichkeit P(A) wird also beschrieben mit P(X=5).

Schritt 3: Rechnung

$$P(X=k) = \binom{n}{k} \bullet p^k \bullet q^{n-k}$$

$$P(X=5) = \binom{5}{5} \bullet \left(\frac{1}{6}\right)^5 \bullet \left(\frac{5}{6}\right)^0$$

Bitte vergiss nicht das Setzen der Klammern beim Potenzieren, falls es sich bei p und q um Brüche handelt.

$$= 1 \bullet 0,0001286 \bullet 1 \approx 0,0001$$

Das Ergebnis stimmt bei richtiger Rechnung immer mit der Lösung durch Betrachtung des Baumes überein.

B: 5x hintereinander eine von 1 abweichende Augenzahl

Schritt 1: Drei Kriterien

Für Treffer-Niete-Kriterium und Ziehen mit Zurücklegen gilt das bei A Gesagte. Auch Kriterium drei ist aus den gleichen Gründen erfüllt wie bei A, denn auch fünf „Nicht-Einser" können nur auf eine Art erscheinen. Dass es sich hierbei um verschiedene Augenbilder handeln kann, ist irrelevant, weil der einzelne Wurf ja nicht mehr mit seiner Augenzahl in die Auswertung eingeht, sondern nur noch danach gesehen wird, ob es sich bei dem Augenbild um eine „Nicht-Eins" handelt, ob also das Ereignis N eingetroffen ist.

Schritt 2: Variablen bestimmen

n=5 Würfe, p=1/6, q =5/6.

Da das von uns zum Treffer erklärte Ereignis E hier KEIN Mal auftritt, ist k=0.

Schritt 3: Rechnung

$$P(X=0) \; = \; \binom{5}{0} \bullet \left(\frac{1}{6}\right)^0 \bullet \left(\frac{5}{6}\right)^5 \; = \; 1 \bullet 1 \bullet 0{,}4018776 \approx 0{,}4019$$

Dies stimmt natürlich wieder mit dem im Baum dargestellten Ereignis NNNNN überein.

Richtig ist auch die umgekehrte Argumentation, die Nicht-Eins zum Trefferereignis zu erklären und entsprechend die Wahrscheinlichkeit für k=5 Treffer zu bestimmen.

$$P(X=0) \; = \; \binom{5}{0} \bullet \left(\frac{1}{6}\right)^0 \bullet \left(\frac{5}{6}\right)^5 \; = \; 1 \bullet 1 \bullet 0{,}4018776 \approx 0{,}4019$$

C: Im ersten, dritten und fünften Wurf eine 1, in allen anderen Würfen keine Eins

Schritt 1: Drei Kriterien

- Treffer-Niete-Kriterium und Ziehen mit Zurücklegen sind erfüllt aus den bei A und B gesagten Gründen.

- Reihenfolge egal?...aber nein, denn Ereignis C soll nur dann als eingetroffen gelten, wenn Treffer und Nieten sich in der genau vorgeschriebenen Weise abwechseln.

→ Also hier nicht mit Formel von Bernoulli rechnen.

D: In einer bestimmten, vorher festgelegten Reihenfolge dreimal die Eins

Es gilt das bei C Gesagte. Erfolg in Stochastik hat hier sehr viel mit dem präzisen Umgang mit der deutschen Sprache zu tun. „In EINER bestimmten Reihenfolge" heißt nun mal: in „GENAU EINER" – die Formel von Bernoulli beantwortet, wie beim Reihenfolge-Kriterium erklärt, immer die Frage „auf JEDE NUR DENKBARE Art und Weise", das ist etwas Anderes. Es zählt am Ende der Versuchsreihe nur, WIE OFT das Trefferereignis bzw. Nietenereignis auftrat.

→ Also hier nicht mit Formel von Bernoulli rechnen.

E: In irgendeiner Reihenfolge dreimal die Eins

Schritt 1: Drei Kriterien

* Treffer-Niete-Kriterium und Ziehen mit Zurücklegen sind erfüllt aus den bekannten Gründen.
* Reihenfolge egal?...In der Tat, denn es heisst ja: „in irgendeiner Reihenfolge".

Schritt 2: Variablen bestimmen

n=5 Würfe, p=1/6, q =5/6.

Das Ereignis E kann verbal identisch beschrieben werden mit der Formulierung:

„genau dreimal die Eins" bzw. „genau drei Treffer". Somit ist k=3.

Schritt 3: Rechnung

$$P(X=3) \; = \; \binom{5}{3} \bullet \left(\frac{1}{6}\right)^3 \bullet \left(\frac{5}{6}\right)^2 \; = \; 10 \bullet 0,0046296 \bullet 0,69444444 \approx 0,0322$$

Dies ist die auf Seite 10 kombinatorisch ermittelte Lösung, hier auf vier Nachkommastellen genau. Auch hier ist wieder eine entsprechend aufgebaute Gegenargumentation möglich. Ereignis E kann wie gezeigt als „Drei Treffer (Einser) mit zwei Nieten (Nichteinsern)" gesehen werden, aber auch, aus der Sicht eines Spielers, der die Einser als Niete ansehen möchte, als „Zwei Treffer (Nichteinser) mit drei Nieten (Einser)". Dann gilt gleichermaßen:

$$P(X=2) \; = \; \binom{5}{2} \bullet \left(\frac{5}{6}\right)^2 \bullet \left(\frac{1}{6}\right)^3 \; = \; 10 \bullet 0,69444444 \bullet 0,0046296 \approx 0,0322$$

Wer etwas tiefer in die Materie einsteigen möchte (oder muss ☺), der schaue bitte noch einmal auf das zu P(E) Gesagte auf Seite 11, insbesondere die zwei Fragen, die am Schluss durch Rechnung beantwortet werden müssen. Ich hoffe du erkennst jetzt:

Der erste Teil der Formel von Bernoulli $\binom{n}{k}$ liefert Antwort zu Frage 2, der Anzahl der Anordnungsmöglichkeiten. Damit erspart man sich regelmäßig das mühsame und fehlerträchtige Herraussuchen aller Anordnungsmöglichkeiten aus dem Baum. Der zweite Teil der Bernoulli-Formel liefert Antwort zu Frage 1, der Wahrscheinlichkeit für das Eintreten von genau k Treffern auf eine bestimmte Art. Für die Berechnung ist dabei die Reihenfolge von Treffern und Nichttreffern unerheblich, und auch die Auswahl, welches Ereignis zum Treffer und welches zur Niete erklärt werden soll.

Es muss lediglich das Ereignis mit der Elementar-Wahrscheinlichkeit p genau k mal eintreten und daher – dies gilt implizit immer – die entsprechenden restlichen Züge/Würfe/Spiele mit dem Gegenereignis, also Ereignissen der Elementarwahrscheinlichkeit q „aufgefüllt" werden. Verstanden? Wenn nicht, dann stell dir vor, ein Glas ist zu einem Drittel mit Wasser gefüllt. Peter sagt: „Ich sehe ein Drittel Wasser", Paul sagt: „Ich sehe zwei Drittel Luft" und Pauline sagt: „Ich sehe ein Drittel Wasser und zwei Drittel Luft im Glas". – Alle beschreiben das Gleiche.

Zu „genau k Treffern" gehören also immer „genau n – k Nieten".

Zusammenfassung:

Die Formel von Bernoulli berechnet die Wahrscheinlichkeit, dass ein bestimmtes Trefferereignis nach n gleichartigen Einzelexperimenten genau k mal eingetreten ist (und ansonsten nur Nietenereignisse eintraten).

$$P(X = k) = \binom{n}{k} \bullet p^k \bullet q^{n-k}$$

X: Trefferzähler
n: Anzahl Einzelexperimente
p: Trefferwahrscheinlichkeit
q: Nietenwahrscheinlichkeit

---

2. Vom Bernoulli-Experiment zur Binomialverteilung

2.1. B(n; p; k) als Alternativ-Darstellung zu P(X=k)

In der bisher behandelten Form war die Bernoulli-Formel ein Hilfsmittel zur Berechnung der Wahrscheinlichkeit P(X=k), die angibt, wie wahrscheinlich es ist, dass eine Zufallsgröße X, der „Trefferzähler", nach einer Versuchsreihe der Länge n genau k Treffer zählt. Damit erspart sie in erster Linie eine Menge Arbeit, die man sonst für kombinatorische Überlegungen und das Erstellen von Wahrscheinlichkeitsbäumen hätte.

Mathematisch gesehen ist die Formel jedoch mehr als nur ein „Werkzeug" zum Aufgabenlösen. Ohne jetzt zu theoretisch zu werden, sei an dieser Stelle der Hinweis erlaubt, dass sie die Merkmale einer mathematischen Zuordnung bzw. Funktion hat. Denn sind einmal die Werte n und p festgelegt, so wird jedem Wert k ein Wert P zugeordnet. Das bedeutet: Ähnlich wie bei den Funktionen f(x) in der Analysis, bei denen jedem x-Wert ein y-Wert zugeteilt wird, entstehen hier Wertepaare. Diese kann man verschieden mathematisch beschreiben, entweder 1.) in einer Wertetabelle, 2.) in einer Grafik oder 3.) durch die Herstellung eines mathematischen Zusammenhanges, also einer Formel bzw. einer Verteilung.

Prinzipiell würde als Formel-Schreibweise für 3.) die auf der Vorseite genannte Bernoulli-Formel mit P(X=k) vollkommen ausreichen. Der Ausdruck P(X=k) enthält jedoch nicht die Parameter n und p. Will man betonen, dass der errechnete Formelwert von den drei Größen n, p und k abhängt, so spricht man meistens von der sogenannten „Binomial-Verteilung" und schreibt:

$$B(n; p; k) = \binom{n}{k} \bullet p^k \bullet q^{n-k}$$

Manche Abituraufgaben, die nicht die Kenntnis der drei Kriterien zur Anwendung der Bernoulli-Formel abprüfen, beginnen entsprechend gleich so: „Eine binomialverteilte Zufallsgröße mit n=... und p=... soll untersucht werden."

Im Unterricht werden die Begriffe „Bernoulli-Formel" und „Binomialverteilung" normalerweise synonym verwendet, ebenso wie die mathematischen Ausdrücke P(X=k) und B(n; p; k). Je nach Buch und Lehrer tritt letztere Form hier und da auch als $B_{n,p,k}$ oder $B_{n,p}(k)$ auf. Falls der Lehrer dir die freie Wahl lässt, würde ich B(n; p; k) gegenüber P(X=k) bevorzugen, denn ich habe immer gerne alle wichtigen Größen, die zu einem Gedankengang gehören, eng beieinander auf dem Papier stehen. Insbesondere bei den Signifikanztests mit Fehler 1. und 2. Art, eine der Hauptanwendungsgebiete der Binomialverteilung (und regelmäßig Abi-Prüfungsstoff!), kann es mit der Schreibweise P(X=k) schon einmal schnell zu Verwirrungen kommen. Zukünftig werde ich beide Schreibweisen bringen, das sieht für Beispiel 1 mit P(E) dann so aus:

$$P(E) = P(X=3) = B\left(5 \; ; \frac{1}{6} \; ; 3\right)$$

2.2. Beispiel 2: 5x Würfeln. Ergebnisdarstellung als Tabelle und Histogramm

Folgende Aufgabe ist typisch zu diesem Thema: Jemand interessiert sich dafür, mit welcher Wahrscheinlichkeit nach fünfmaligem Würfeln eines Laplace-Würfels die Augenzahl 1 mit einer bestimmten Häufigkeit auftritt. Gesucht ist eine tabellarische Darstellung und das entsprechende Histogramm.

Lösung (Bitte wie gehabt: erst selbst versuchen, dann weiterlesen!)

Zunächst einmal rate ich wieder dazu, sich zu überlegen, was dieses Experiment mit den Bernoulli-Experimenten zu tun hat.

1.) Treffer-Niete-Kriterium? – Ja, die Augenzahl 1 kann als Treffer gesehen werden, entsprechend ist p=1/6 und q=5/6.
2.) Mit Zurücklegen? – Ja, da es sich um Würfeln handelt, finden 5 gleichartige Experimente statt. Somit kann man quasi ganz nebenbei schon n=5 festlegen.
3.) Anzahl der Treffer ohne Berücksichtigung ihrer Reihenfolge? – Ja., das Schlüsselwort in der Aufgabe ist hier die „bestimmte Häufigkeit".

Die entsprechende Tabelle zeigt in der ersten Zeile die möglichen Ausprägungen der Zufallsvariable X und in der zweiten Zeile die jeweils dazugehörende Wahrscheinlichkeit. Da wir hier beim Thema Bernoulli-Experimente sind, verwende ich die hierfür typische Schreibweise[8] k und P(X=k). Die Ausprägungen der Zufallsvariable sind natürlich ganze Zahlen von 0 bis 5, denn es können ja 0 bis 5 Treffer bzw. Einser kommen – die Null bitte niemals vergessen! Die Werte P(X=k) ergeben sich aus der entsprechenden Binomialverteilung B (5; 1/6; k).

---

[8] Wie schon im Mathe-Dschungelführer Stochastik – Zufallsgrößen erwähnt, sind mehrere Schreibweisen möglich und üblich. Zur Einführung des Themas hielt ich dort X und P(X) für einfacher.

k	0	1	2	3	4	5
P(X=k)	0,4019	0,4019	0,1608	0,0322	0,0032	0,0001

Tabelle 1: Anzahl der Treffer k und die entsprechende Wahrscheinlichkeit P(X=k) bei n=5 und p=1/6.

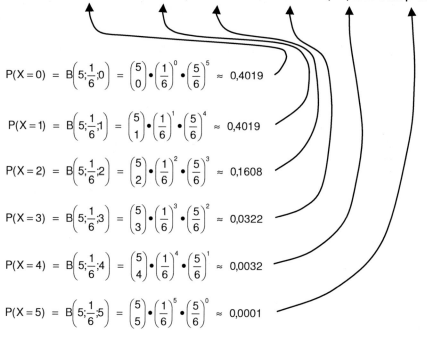

$$P(X=0) = B\left(5;\frac{1}{6};0\right) = \binom{5}{0} \cdot \left(\frac{1}{6}\right)^0 \cdot \left(\frac{5}{6}\right)^5 \approx 0,4019$$

$$P(X=1) = B\left(5;\frac{1}{6};1\right) = \binom{5}{1} \cdot \left(\frac{1}{6}\right)^1 \cdot \left(\frac{5}{6}\right)^4 \approx 0,4019$$

$$P(X=2) = B\left(5;\frac{1}{6};2\right) = \binom{5}{2} \cdot \left(\frac{1}{6}\right)^2 \cdot \left(\frac{5}{6}\right)^3 \approx 0,1608$$

$$P(X=3) = B\left(5;\frac{1}{6};3\right) = \binom{5}{3} \cdot \left(\frac{1}{6}\right)^3 \cdot \left(\frac{5}{6}\right)^2 \approx 0,0322$$

$$P(X=4) = B\left(5;\frac{1}{6};4\right) = \binom{5}{4} \cdot \left(\frac{1}{6}\right)^4 \cdot \left(\frac{5}{6}\right)^1 \approx 0,0032$$

$$P(X=5) = B\left(5;\frac{1}{6};5\right) = \binom{5}{5} \cdot \left(\frac{1}{6}\right)^5 \cdot \left(\frac{5}{6}\right)^0 \approx 0,0001$$

Die entsprechende grafische Darstellung erfolgt normalerweise im sogenannten Balkendiagramm (auch Histogramm genannt) in folgender Reihenfolge:

1. Die waagerechte und senkrechte Achse zeichnen
2. Die waagerechte Achse mit den Werten für k und die senkrechte mit den Werten P(X=k) beschriften. Beachte dabei: Die senkrechte P-Achse schneidet die waagerechte k-Achse nicht bei 0, sondern bei –0,5. Anders gesagt: Die 0 auf der k-Achse wird nicht direkt unter die P-Achse gezeichnet, sondern um 0,5 verschoben nach rechts.
3. Die Wertepaare aus der Tabelle als Punkte einzeichnen, hier habe ich sie einem Kreuz X markiert. In späteren Abbildungen werde ich das Kreuz zur besseren Übersichtlichkeit weglassen.

4. Um jedes dieser Kreuze ein entsprechendes Rechteck (den „Balken") konstruieren. Dabei darauf achten, dass jeder Balken die gleiche Breite von 1 hat und das Kreuz genau in der Mitte sitzt. Mit anderen Worten: Nicht die Skalenstriche unterhalb der waagerechten Achse sind die Begrenzungslinien der Balken (ein häufiger Fehler), sondern ihre Zwischenräume bei 0,5 und 1,5 und 2,5 usw.

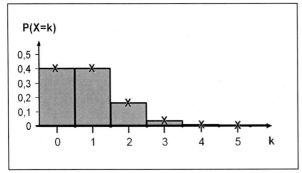

Abbildung 2: Balkendiagramm zur Binomialverteilung mit n=5 und p=1/6

Die Beschreibung mag manchem umständlicher erscheinen als im Unterricht in der Schule besprochen[9]. Ich lege deshalb so viel Wert auf ein Säulendiagramm mit der Säulenbreite 1, weil hier die grau markierte Fläche der Säulen als Wahrscheinlichkeit interpretiert werden kann. Dies spielt unter anderem beim Abschätzen von Wahrscheinlichkeiten mit großem n eine Rolle[10].

Für Beispiel 2 sind damit alle drei Darstellungsweisen geliefert. Die Wertetabelle findet sich in Tabelle 1 auf Seite 19 und die grafische Darstellung in Abbildung 2 auf dieser Seite. Den Formelzusammenhang kann man beschreiben als Binomialverteilung mit n=5 und p=1/6 bzw. in Formelschreibweise:

$$B\left(5\,;\frac{1}{6}\,;\,k\right)$$

Auf die ursprüngliche Aufgabenstellung bezogen kann man interpretieren, dass der Würfel nach fünf Würfen in den meisten Fällen kein Mal oder nur ein Mal die Eins zeigen wird. Fast nie, nämlich mit der Wahrscheinlichkeit von 0,0001, wird gleich fünf Mal nacheinander die Eins gewürfelt.

---

[9] In manchen Büchern erfolgt die grafische Veranschaulichung lediglich mit Stabdiagrammen".
[10] Die Näherungsformel von Laplace und de Moivre liefert solche Werte. Sie hat leider in diesem Buch keinen Platz mehr gefunden.

2.3. Die Verwendung des Tabellenwerkes zu B(n;p;k)

Obwohl es im Zeitalter von PC und programmierbaren Taschenrechnern eigentlich nicht mehr erforderlich wäre, gehört in das moderne Mathe-Lehrbuch des 21. Jahrhunderts regelmäßig noch ein Tabellenwerk zur Binomialverteilung. Die Benutzung der Tabellen ist oft sehr knapp erklärt und bereitet schwächeren Schülern viel Kopfzerbrechen. Darum thematisiere ich sie hier.

Sieh dir bitte nun die zwei Tabellen auf Seite 51 (und bitte noch nicht auf den Folgeseiten) einmal an. Wenn du zur großen Gruppe der Leser gehörst, die den Mathe-Dschungelführer aus Verzweiflung über ihr eigenes Mathe-Lehrbuch lesen, kommt sie dir sicherlich irgendwie bekannt vor ☺. Ich habe „meine" Tabellen so erstellt, wie sie mir typischerweise in anderen Büchern begegnet sind. Leider finden sich derartige Tabellen mit vielen kleinen Abweichungen in Lehrbüchern, Formelsammlungen und Prüfungs-Hilfsmitteln. Ich werde versuchen, auf die wichtigsten Unterschiede einzugehen.

Ist z.B. die Frage gestellt nach der Wahrscheinlichkeit, genau 3 Einser nach 5x Würfeln zu erzielen, so entspricht dies $P(X=3)$ mit $n=5$ und $k=3$ bzw. B(5; 1/6; 3). Die passende Tabelle wird zunächst anhand von $n=5$ ermittelt, siehe Seite 51 oben. Dann sucht man dasjenige Tabellenfeld, welches die Zeile $k=3$ mit der Spalte $p=1/6$ verbindet. Dort steht der Wert „0322", er bedeutet $P(X=3)$ = B(5; 1/6; 3) = 0,0322. Um Platz zu sparen und die Übersichtlichkeit zu erhöhen, wird auf das führende „0,..." gern verzichtet (Vergleiche dazu Anmerkung ①).

In Beispiel 2 haben wir mit Tabelle 1 auf Seite 19 die Binomialverteilung für $n=5$ und $p=1/6$ beschrieben. Bitte vergleiche diese Tabelle nun mit Seite 51. Wie du siehst, findet sich die in Beispiel 2 ermittelte Binomialverteilung B(5; 1/6; k) als Sonderfall inmitten der Gesamttabelle für $n=5$ auf Seite 51 wieder. (Siehe dazu auch Anmerkung ②). Ebenso finden sich dort andere Wahrscheinlichkeiten der Binomialverteilung mit $n=5$. Für $n=20$ benutzt man die untere Tabelle. Andere Werte von n sind mit dem hier gelieferten Tabellenwerk nicht ablesbar.

Eine weitere übliche Besonderheit der Tabellen ist, dass man auf die Darstellung trivialer Werte verzichtet. Mit Anmerkung ③ ist so ein Feld markiert. Dort ist die binomiale Wahrscheinlichkeit zu klein, nämlich auf vier Dezimal-Stellen gerundet bereits 0,0000.

Relativ anspruchsvoll ist das Ablesen von binomialen Wahrscheinlichkeiten mit $p>0,5$, da die Tabelle nach rechts hin mit größer werdendem p abbricht. Die Buchautoren bedienen sich hier regelmäßig eines mathematischen Tricks, um die Tabelle in ihrer Breite zu reduzieren bzw. um mehr Information auf das Blatt zu bekommen.

Bei Wahrscheinlichkeiten p über 0,5 werden die Tabellenwerte für B(n; p; k) über die grau unterlegten Werte von p und k abgelesen (Siehe Anmerkung ④).

Mathematisch gilt nämlich: $\qquad B(n; p; k) = B(n; 1 - p; n - k)$

Stellen wir uns dazu zwei Beobachter des folgenden Wahrscheinlichkeitsexperimentes vor: Ein Würfel wird 5 mal geworfen. Gesucht ist die Wahrscheinlichkeit, dass genau vier mal die Sechs fällt. Beide Beobachter erkennen, dass dies ein Fall für die Formel von Bernoulli ist.

Beobachter 1 erklärt die Sechser zum Trefferereignis und rechnet mit p=1/6 und q=5/6. Er berechnet die Wahrscheinlichkeit, genau vier Treffer (bei einer Niete) zu erzielen:

$$P(X = 4) \;=\; B\left(5; \frac{1}{6}; 4\right) \;=\; \binom{5}{4} \cdot \left(\frac{1}{6}\right)^4 \cdot \left(\frac{5}{6}\right)^1 \;\approx\; 0{,}0032$$

Beobachter 2 möchte das Eintreffen einer Zahl von 1 bis 5 als Trefferereignis beschreiben und sieht die Sechser als Niete an. Für ihn gilt dann p=5/6 und q=1/6. Dann berechnet er die Wahrscheinlichkeit für „genau ein Treffer (bei vier Nieten)":

$$P(X = 1) \;=\; B\left(5; \frac{5}{6}; 1\right) \;=\; \binom{5}{1} \cdot \left(\frac{5}{6}\right)^1 \cdot \left(\frac{1}{6}\right)^4 \;\approx\; 0{,}0032$$

Beide Rechnungen liefern natürlich das gleiche Ergebnis, weil beide Beobachter – jeder auf seine Art – richtig rechnen. Wie würden sie nun aus der Tabelle ablesen? Beobachter 1 sucht den Wert für B(5; 1/6; 4) und geht in die obere Tabelle, zweite Spalte, fünfte Zeile.

Beobachter 2 erkennt,
1. dass er auch die obere Tabelle (n=5) braucht
2. dass er für p=5/6 mit den in der Kopfzeile angebotenen Wahrscheinlichkeiten p nicht weiterkommt und
3. dass er deswegen in der grau markierten Fußzeile nach seinem p suchen muss
4. Deshalb MUSS er auch k nicht links, sondern im grau markierten rechten Bereich suchen.

Schließlich landet er im gleichen Feld wie Beobachter 1 und liest B(5; 5/6; 1) = 0,0032

3. Die kumulierte Binomialverteilung

3.1. F(n;p;k) als Alternativdarstellung zu P(X≤k)

Vielleicht hast du dich im vorherigen Abschnitt gefragt, warum man überhaupt mit Tabellen arbeitet, wenn man doch die binomialen Wahrscheinlichkeiten relativ schnell mit der Formel von Bernoulli bestimmen kann. Solange man nach P(X=k) sucht, also der Wahrscheinlichkeit, GENAU k Treffer zu erzielen, stimmt das auch.

Sehr oft geht es aber darum, die Wahrscheinlichkeit P(X≤k) zu bestimmen. Dies entspricht der Frage nach der Wahrscheinlichkeit, HÖCHSTENS k Treffer zu erzielen. Hierfür gibt es keine einfache Formel mehr und man spart wirklich eine Menge Zeit, wenn man die entsprechenden Tabellen verwendet.

Auch in diesem Fall handelt es sich um eine Funktion, die eine Zahl zwischen 0 und 1 liefert (eine Wahrscheinlichkeit), nachdem n, p und k festgelegt wurden. Diese Funktion nennt man „kumulierte Binomialverteilung" oder, anstatt „kumulierte", auch „summierte", „aufsummierte" oder „aufaddierte" Binomialverteilung. Gelegentlich wird auch von „Summenfunktion" gesprochen. Meistens wird sie dargestellt als F(n; p; k). Die Verwendung erkläre ich auf den folgenden Seiten.

Die BINOMIALVERTEILUNG B(n; p; k) liefert die Wahrscheinlichkeit dafür, nach n Versuchen mit der Trefferwahrscheinlichkeit p <u>GENAU k Treffer</u> zu erzielen. Es gilt:

$$B(n;p;k) \;=\; P(X=k) \;=\; \binom{n}{k} \bullet p^k \bullet q^{n-k}$$

Die KUMULIERTE BINOMIALVERTEILUNG F(n; p; k) liefert die Wahrscheinlichkeit dafür, nach n Versuchen mit der Trefferwahrscheinlichkeit p <u>HÖCHSTENS k Treffer</u> zu erzielen. Es gilt:

$$F(n;p;k) \;=\; P(X \le k) \;=\; \binom{n}{0} \bullet p^0 \bullet q^n + \binom{n}{1} \bullet p^1 \bullet q^{n-1} + \;....\; + \binom{n}{k} \bullet p^k \bullet q^{n-k}$$

3.2. Beispiel 3: 20x Würfeln

Jemand möchte wissen, wie wahrscheinlich es ist, nach 20x Würfeln mit einem Laplace-Würfel

a) A: kein Mal die 6 zu erzielen.

b) B: GENAU einmal die 6 zu erzielen.

c) C: GENAU 2 mal die 6 zu erzielen.

d) D: HÖCHSTENS 2 mal die 6 zu erzielen.

Lösung (auf die du inzwischen zumindest bei a bis c selbst kommen solltest):

a) $\quad P(A) = P(X=0) = B(20; \frac{1}{6}; 0) = \binom{20}{0} \bullet \left(\frac{1}{6}\right)^0 \bullet \left(\frac{5}{6}\right)^{20} \approx 0{,}0261$

b) $\quad P(B) = P(X=1) = B(20; \frac{1}{6}; 1) = \binom{20}{1} \bullet \left(\frac{1}{6}\right)^1 \bullet \left(\frac{5}{6}\right)^{19} \approx 0{,}1043$

c) $\quad P(C) = P(X=2) = B(20; \frac{1}{6}; 2) = \binom{20}{2} \bullet \left(\frac{1}{6}\right)^2 \bullet \left(\frac{5}{6}\right)^{18} \approx 0{,}1982$

Natürlich wäre für a) – c) auch ein Blick in die untere Tabelle auf Seite 51 möglich gewesen. Obwohl Aufgabe d) von ihrer verbalen Beschreibung ähnlich leicht daherkommt wie a) – c), so ist die Rechnung doch um Vieles komplizierter. Deshalb habe ich die Schlüsselwörter „GENAU" und „HÖCHSTENS" hervorgehoben, auf die du bitte ab jetzt immer großen Wert legst.

Ereignis D gilt als eingetreten, wenn entweder A, B, oder C eingetreten sind. „höchstens 2 mal" bedeutet nämlich: kein Mal, einmal oder 2 mal. Mathematisch lässt sich dieser Gedanke Schritt für Schritt entwickeln. Hier[11] gilt:

$P(D) \quad = \quad P(A) + P(B) + P(C)$

$P(X \leq 2) = P(X=0) + P(X=1) + P(X=2)$

$\qquad = 0{,}0261 + 0{,}1043 + 0{,}1982$

$\qquad = 0{,}3286$

Tatsächlich sind es 0,3287, dieser Rundungsfehler ist normalerweise aber nicht schlimm.

---

[11] Für Kenner: Die Wahrscheinlichkeiten dürfen hier einfach addiert werden, da A,B,C mathematisch „unabhängig" sind bzw. keine Schnittmenge haben, dh. die UND-Verknüpfung ist jeweils die leere Menge. Anders gesagt: Jeder vollständige Pfad im Wahrscheinlichkeitsbaum zählt immer nur für eines der Ereignisse, niemals für zwei oder mehr.

3.3. Die Verwendung des Tabellenwerkes zu F(n;p;k)

Das oben dargestellte Verfahren ist eine einfache, aber oft zeitaufwändige Methode, um zu den sog. kumulierten Wahrscheinlichkeiten, also den Fragestellungen nach „höchstens k Treffern" zu gelangen. Für „höchstens 18 Treffer", also $P(X \leq 18)$, müssten beispielsweise dann alle 19 Einzelwahrscheinlichkeiten (nicht 18 – bitte immer an $P(X=0)$ denken!) aufsummiert werden.

Dem errechneten Wert $P(D) = 0{,}3287$ entspricht im Sinne der kumulierten Binomialverteilung der Ausdruck $F(20;\ 1/6;\ 2)$ oder anders geschrieben die Wahrscheinlichkeit $P(X \leq k)$ mit $n=20$ und $p=1/6$. Den Wert findest du in der Tabelle auf Seite 52 in Zeile 3 (für $k=2$) und Spalte 2 (für $p=1/6$). Bitte sieh dir nun die Tabellen zur kumulierten Binomialverteilung einmal genauer an. Fast alles über die Verwendung der Tabelle B(n; p; k) Gesagte gilt auch hier. Für Werte von $p>0{,}5$ kommt jedoch hinzu, dass der abgelesene Werte von 1 abgezogen werden muss.

Bei Wahrscheinlichkeiten p über 0,5 werden die Tabellenwerte für F(n; p; k) über die grau unterlegten Werte von p und k abgelesen und der Ablesewert von 1 subtrahiert. (Siehe Anmerkung ⑤).

Dies zu verstehen ist im Moment nicht so wichtig. Auf den Umgang mit verschiedenen Argumentationen für den gleichen Sachverhalt und der Formulierung von Gegenereignissen gehe ich in den nächsten Beispielen noch näher ein.

Eine Besonderheit ist außerdem noch, dass alle kumulierten Wahrscheinlichkeiten, die bis auf vier Dezimalstellen gerundet bereits 1 sind, aus Gründen der Übersichtlichkeit nicht geschrieben werden. Dazu ein heißer Tipp: Mir ist noch keine Abituraufgabe begegnet, bei der der abgelesene Tabellenwert genau 0 oder 1 war. Falls du einen solchen Wert für irgendeine Aufgabe abliest, spricht vieles dafür, dass du falsche Vorüberlegungen unternommen hast oder in der falschen Tabelle abliest. Auch wenn es billig klingen mag:

Denk bitte immer daran, dass du bei Fragen nach „GENAU k Treffer" auch nur in der Tabelle für B(n; p; k) und für Fragen nach „HÖCHSTENS k Treffer" auch nur in der Tabelle für F(n; p; k) abliest.

Im Folgenden werde ich zeigen, dass andere Fragestellungen wie „mindestens k Treffer" und „von...bis...Treffern" immer mit Tabellen von B(n; p; k) und F(n; p; k) lösbar sind.

4. Lösung gemischter Aufgaben mit den Tabellen

4.1. Einführung

Die folgende Abbildung ist aus dem Mathe-Dschungelführer Zufallsgrößen und gibt ein Gefühl dafür, wie vielfältig die Fragestellungen nach bestimmten Ausprägungen der Zufallsgröße X sein können[12] bzw. in der Sprache der Bernoulli-Experimente: wie vielfältig die Fragen nach bestimmten Anzahlen von Treffern sein können.

Ich habe im Nachhilfeunterricht gute Erfahrungen damit gemacht, dass man sich für schwierigere Aufgaben zunächst eine kleine Grafik (das Histogramm) erstellt. Die markierte Fläche entspricht dann der gesuchten Wahrscheinlichkeit, denn die gesamte Fläche der Balken ist stets eins. Natürlich kann man auch rein rechnerisch argumentieren.

Formulierung	mögliche Ungleichungen	Aufgabentyp	Grafik
X soll kleiner als 6 sein X soll unterhalb von 6 liegen	$X < 6$ $X \leq 5$	rechtsseitiger Grenzwert	
X soll mindestens 3 sein X soll 3 oder größer sein X soll bei 3 oder darüber liegen	$X \geq 3$ $X > 2$	Linksseitiger Grenzwert	
X soll 7 oder mehr sein X darf alle Werte ab 7 annehmen X ist minimal 7 X ist wenigstens 7	$X \geq 7$ $X > 6$	Linksseitiger Grenzwert	
X soll bis zu 4 sein X soll 4 oder weniger sein X soll maximal 4 sein X soll höchstens 4 sein	$X \leq 4$ $X < 5$	Rechtsseitiger Grenzwert	
X soll kleiner als k sein X soll unterhalb von k liegen X soll weniger als k sein	$X < k$	Rechtsseitiger Grenzwert	
X soll zwischen einer Untergrenze Gu (linkem Grenzwert) und einer Obergrenze Go (rechtem Grenzwert) liegen. Die Grenzen selbst gehören nicht dazu.	$Gu < X < Go$ Auch möglich, obwohl unüblich, ist $Go > X > Gu$	Beidseitige Grenzwerte	

Abbildung 3: Von der Formulierung zur Ungleichung

---

[12] Vgl. Mathe-Dschungelführer Stochastik: Zufallsgrößen, Seite 36, Beispiel: Augenzahl beim Würfeln mit 2 Würfeln. Hier beginnt der Wertebereich natürlich bei 2 und nicht wie bei binomialverteilten Zufallsgrößen bei Null.

4.2. Methodik der Tabellenanwendung anhand von Beispiel 4 bis 13

Die Lösung bei binomialverteilten Zufallsgrößen funktioniert
immer folgendermaßen:

1.) n und p festlegen, soweit noch nicht erfolgt

2.) Die gesuchte Wahrscheinlichkeit mit P(....) notieren,
wobei „...." eine Ungleichung mit X ist.

3.) Falls nicht direkt aus der Tabelle ablesbar, den Ausdruck von Schritt 2 in einen
Ausdruck der Form $P(X \leq k)$ verwandeln. Erst hier k bestimmen und dann in der
Tabelle für F(n; p; k) nachschlagen.

Es folgen einige Beispiele zum Mitdenken und Mitmachen. Der Schwierigkeitsgrad steigt dabei
immer weiter an. Für alle Beispiele gilt: Ein Laplace-Würfel wird 20x geworfen. Somit ist n=20.

Beispiel 4:
Die Wahrscheinlichkeit, dass genau die Hälfte aller Würfe eine gerade Augenzahl zeigen.

Schritt 1: Das Trefferereignis wird festgelegt mit „Eintreten einer geraden Augenzahl". Dies ist
der Fall, wenn 3 der vorhandenen 6 Möglichkeiten eintreten, nämlich die Augenzahlen 2,4 und
6. Somit ist p =3/6 = 1/2 =0,5.

Schritt 2: „Genau die Hälfte" heißt hier: In 10 von 20 Würfen. Somit soll der Trefferzähler X den
Wert 10 annehmen. Wir notieren also als gesuchte Größe P(X=10).

Schritt 3: Entweder mit Formel von Bernoulli rechnen oder in der Tabelle B(n; p; k) den Wert
B(20; 0,5; 10) ablesen. Lösung: P(X=10) = B(20; 0,5; 10) = 0,1762. Hier braucht man also gar
nicht die Tabelle zu F(n; p; k).

Beispiel 5:

Die Wahrscheinlichkeit, dass höchstens die Hälfte aller Würfe eine gerade Augenzahl zeigen.

Schritt 1: Wie in Beispiel 5. Die „Treffer" sind die 2,4,6 und ihre Wahrscheinlichkeit p = 0,5.

Schritt 2: „Höchstens die Hälfte" heißt hier: In MAXIMAL 10 von 20 Würfen. Somit soll bzw. darf der Trefferzähler X alle Werte annehmen, die von 0 bis 10 gehen. X soll also kleiner gleich 10 sein. Wir notieren deshalb P(X≤10).

Schritt 3: P(X≤10) ist ein „Kleiner-Gleich-Ausdruck", also ein klarer Fall für die kumulierte Binomialverteilung F(n; p; k) mit k=10. Ablesen in der Tabelle für F(20; 0,5; 10) liefert 0,5881.

Beispiel 6:

Die Wahrscheinlichkeit, dass mindestens elf Würfe eine gerade Augenzahl zeigen.

Schritt 1: Wie gehabt – gerade Zahl ist das Trefferereignis, p = 0,5.

Schritt 2: „Mindestens elf Würfe" heißt hier: 11 Treffer, 12 Treffer, usw... bis 20 Treffer gelten als Eintreten dieses Ereignisses. X soll also größer gleich 11 sein. Wir notieren deshalb P(X≥11).

Schritt 3: Achtung! Für „Größer-Gleich-Ausdrücke" gibt es keine Tabelle[13]. Was also ist zu tun? Sehen wir uns hierfür einmal die Grafik genauer an. Der grau markierte Bereich ist gefragt.

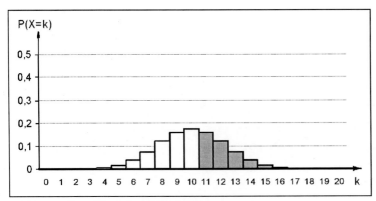

Abbildung 4: Binomialverteilung B(20; 0,5; k)

---

[13] Dies ist bei allen Unterschieden zwischen den Mathe-Lehrbüchern meines Wissens auch wirklich immer so.

Man argumentiert jetzt mit dem Gegenereignis, denn Ereignis und jeweiliges Gegenereignis haben zusammen die Wahrscheinlichkeit 1 bzw. die Gesamtfläche im Diagramm von 1. Das Gegenereignis zu „mindestens 11 Treffer" (graue Fläche in der Grafik) ist „höchstens 10 Treffer" (weiße Fläche in der Grafik). Folglich ist

$$P(X \geq 11) = 1 - P(X \leq 10)$$

Für $P(X \leq 10)$ schlägt man analog zu Beispiel 5 in der Tabelle nach unter $F(20; 0,5; 10)$.

$$P(X \geq 11) = 1 - 0,5881 = 0,4119$$

Alternativ, aber zu umständlich, ist die Addition „von Hand":

$$
\begin{aligned}
P(X \geq 11) &= P(X=11) + P(X=12) + P(X=13) + \ldots + P(X=19) + P(X=20) \\
&= 0,1602 + 0,1201 + 0,0739 + \ldots + 0 + 0 \qquad = 0,4119
\end{aligned}
$$

Beispiel 7:
Die Wahrscheinlichkeit, dass mindestens elf Würfe eine Augenzahl zeigen, die kleiner als 4 ist.

Schritt 1: Das Trefferereignis wird festgelegt mit „Eintreten einer Augenzahl, die kleiner als 4 ist". Dies ist bei den drei Augenbildern 1,2 und 3 der Fall. Somit ist wieder $p = 3/6 = 1/2 = 0,5$.

Schritt 2 und 3: Da die Trefferwahrscheinlichkeit p identisch mit Beispiel 6 ist, gilt alles dort Beschriebene hier auch. Lösung: $P(X \geq 11) = 0,4119$.

Bitte halte unbedingt die hier auftretenden Wahrscheinlichkeiten auseinander. Klein p ist die „Trefferwahrscheinlichkeit" und symbolisiert damit den einzelnen Versuch. Groß P ist die Wahrscheinlichkeit, die sich nach Abschluss der Versuchsreihe ergibt, also nach n Wiederholungen, und bezieht sich immer auf die Zufallsgröße X, die einen bestimmten Wert oder Wertebereich annehmen soll. Ob die Zufallsgröße X die „geraden Zahlen" oder die „Zahlen kleiner als 4" zählt, ist für die Zufallsverteilung unerheblich, wenn p wie in Beispiel 6 und 7 gleich ist.

Beispiel 8:

Die Wahrscheinlichkeit, dass höchstens 13 Würfe eine Augenzahl zeigen, die größer als 2 ist.

Schritt 1: „Treffer" im Sinne der Bernoulli-Experimente sind alle Zahlen, die größer als 2 sind, also 3, 4, 5 und 6. Dies sind vier Zahlen. Die Trefferwahrscheinlichkeit p ist somit p=4/6 = 2/3.

Schritt 2: „Höchstens 13 Würfe bedeutet, die Zufallsgröße X soll zwischen 0 und 13 Treffern zählen, also kleiner gleich 13 sein. $P(X \leq 13)$.

Schritt 3: $P(X \leq 13)$ ist ein „Kleiner-Gleich-Ausdruck" und somit aus der Tabelle ablesbar als F(20; 2/3; 13). Allerdings kommt hier die Regel für p>0,5 zum Tragen. Man liest also die grau unterlegten Werte der Tabelle (5. Spalte, 7. Zeile) und erhält den Ablesewert 0,4793. Somit ist

$P(X \leq 13)$ = F(20; 2/3; 13) = 1 − F(20; 1/3; 6) = 1 − 0,4793 = 0,5207

Beispiel 9:

Die Wahrscheinlichkeit, dass höchstens 13 Würfe eine Augenzahl zeigen, die kleiner oder gleich 2 ist.

Ist dies das Gegenereignis zu Beispiel 8? Dann wäre die Lösung 1 − 0,5204 = 0,4793

Voreilige Schlüsse führen gerade in der Mathematik oft zu Irrtümern. Lösen wir am besten geduldig und systematisch wie gehabt:

Schritt 1: Das Trefferereignis „kleiner-gleich 2" tritt beim Würfeln der Augenzahlen 2 und 1 ein. Somit ist p=2/6=1/3.

Schritt 2: „Höchstens 13 Würfe" – hier ändert sich nichts gegenüber dem vorangegangenen Beispiel. Deshalb $P(X \leq 13)$.

Schritt 3: $P(X \leq 13)$, ein klarer Fall für die kumulierte Binomialverteilung. Man liest F(20; 1/3; 13) ganz normal über die weißen Felder für k und p.

$P(X \leq 15)$ = F(20; 1/3; 15) = 0,9911

Anschaulich erklärt bedeutet dies: Wenn 1000 Mathematiker auf der Welt an verschiedenen Orten dieses Würfelexperiment durchführen und notieren, wie viele Treffer (also Zahlen

1 oder 2) sie nach 20 Würfen gezählt haben, so werden erwartungsgemäß[14] 99,11% von ihnen, also mit 991 fast alle Wissenschaftler, irgendeine Trefferzahl zwischen 0 und 13 feststellen. Anders gesagt: Die Wahrscheinlichkeit für den einzelnen Treffer ist mit 1/3 einfach nicht hoch genug, um dieses Experiment mit einer höheren Zahl von Treffern zu beenden.

Und noch etwas wird hier deutlich: Beispiel 9 berechnet nicht das Gegenereignis zu Beispiel 8. Ich rate dazu, sich nicht, und schon gar nicht in einer mündlichen Prüfung, in eine solche Diskussion zu verstricken. Wer hier dennoch unbedingt das Wort Gegenereignis benutzen möchte, darf sagen: Wir haben gegenüber Beispiel 8 für die Definition des Treffers das GEGENEREIGNIS herangezogen – also quasi die Niete zum Treffer erklärt. Da sich p geändert hat und die Zufallsgröße X jetzt etwas anderes zählt, ist dieses Experiment mit Beispiel 8 nicht mehr vergleichbar. Anders ausgedrückt: Wenn man für klein p das Gegenereignis nimmt, erhält man insgesamt noch lange nicht die Gegenwahrscheinlichkeit für Groß P.

Beispiel 10:
Die Wahrscheinlichkeit, dass mindestens 7 Würfe eine Augenzahl zeigen,
die kleiner oder gleich 2 ist.

Schritt 1: Das Trefferereignis sind wieder die Augenzahlen 1 und 2, somit ist p=2/6 = 1/3.

Schritt 2: „Mindestens 7 Würfe" bedeutet, X soll 7 oder größer sein, also alle Werte von 7 bis 20 abdecken. Dies entspricht der Ungleichung „X größer gleich 7", also $P(X \geq 7)$.

Schritt 3: Der Ausdruck muss mithilfe der Gegenwahrscheinlichkeit tabellengerecht umformuliert werden. Das Gegenteil von „7 oder größer" ist „6 oder kleiner".

$P(X \geq 7) = 1 - P(X \leq 6) = 1 - F(20; 1/3; 6) = 1 - 0{,}4793 = 0{,}5207$

Erinnerst du dich noch an Beispiel 8? Dieser Wert stimmt mit der Wahrscheinlichkeit $F(20; 2/3; 13)$ überein, und wir haben hier tatsächlich das gleiche Ereignis wie Beispiel 8 berechnet. „Höchstens 13 Treffer" ist also das Gleiche wie „Mindestens 7 Nieten".

---

[14] „erwartungsgemäß" im Sinne der Stochastik heißt hier: durchschnittlich und auf lange Sicht. Mehr dazu siehe „Erwartungswert" im Glossar.

Beispiel 11:

Die Wahrscheinlichkeit, dass mindestens 14 Würfe eine Augenzahl zeigen,

die größer als 2 ist.

Schritt 1: Das Treffereignis sind wieder die vier Zahlen 3, 4, 5, und 6. Daher gilt p=4/6 = 2/3.

Schritt 2: „Mindestens 14 Würfe" bedeutet, X soll 14 oder größer sein. Dies entspricht der Ungleichung „X größer gleich 14", also $P(X \geq 14)$.

Schritt 3: Jetzt haben wir zwei Probleme auf einmal, die uns vom Ablesen des Wertes in der F(n; p; k)-Tabelle abhalten. Zunächst muss der Ausdruck in eine „Kleiner-Gleich"-Beziehung umformuliert werden. Dies geht stets mit der Gegenwahrscheinlichkeit und erfordert die Subtraktion von 1.

$$P(X \geq 14) \quad = 1 - P(X \leq 13) \quad = 1 - F(20; 2/3; 13)$$

Beim Ablesen von Tabellenwerten mit p>0,5 die grauen Werte benutzen und auch hier von 1 subtrahieren.

$$F(20; 2/3; 13) = 1 - 0,4793 = 0,5207$$

Damit ergibt sich folgende Gesamtrechnung:

$$
\begin{aligned}
P(X \geq 14) \quad &= 1 - P(X \leq 13) \quad &= 1 - F(20; 2/3; 13) \\
&= 1 - [\,1 - 0,4793\,] \quad &= 1 - 0,5207 \\
&= 0,4793
\end{aligned}
$$

Beispiel 11 ist also das Gegenereignis zu Beispiel 8 und Beispiel 10. Man muss hier wirklich zwei Mal die Argumentation mit der Subtraktion von 1 herstellen: Das erste Mal, da man mit dem Gegenereignis aus einem Größer-Gleich ein Kleiner-Gleich-Verhältnis herstellt. Das zweite Mal, wenn man aus der Tabelle abliest und dabei wegen p>0,5 die grauen Werte benutzen muss.

Die Argumentation ist ein wenig kompliziert, und wer den Rechenweg sicher beherrscht, kann auf das Folgende auch verzichten. Dennoch möchte ich sie kurz erläutern, und zwar am

Beispiel des berühmten Vergleiches vom halbvollen Glas mit einem optimistischen und pessimistischen Beobachter.

Wenn das Glas mehr als halb voll mit Wasser ist, dann sagt der Optimist: „Das Glas ist (noch) mehr als halb voll." Der Pessimist, der auf die Luft im Glas schaut, sagt: „Das Glas ist (schon) fast zur Hälfte mit Luft gefüllt." Dies ist die Beschreibung des gleichen Sachverhaltes, nur aus unterschiedlichen Sichtweisen, keinesfalls das Gegenereignis.

Das Gegenereignis wäre ein Glas, welches weniger als zur Hälfte mit Wasser gefüllt ist. Hier sagt der Optimist: „Das Glas ist (noch) weniger als halb gefüllt." und der Pessimist: „Das Glas ist (schon) mehr als halb geleert."

Was genau zu tun ist, erkläre ich nochmals anhand von Tabelle 2 auf Seite 36. Zuvor noch zwei Beispiele zum Thema zweiseitige Grenzwerte.

Beispiel 12:
Die Wahrscheinlichkeit, dass zwischen 6 und 9 mal eine Augenzahl erscheint,
die kleiner oder gleich 2 ist.

Schritt 1: Der Treffer ist „kleiner-gleich 2", also 1 oder 2, daher $p = 2/6 = 1/3$.

Schritt 2: „Zwischen 6 und 9" bedeutet normalerweise, dass hierzu die Trefferanzahlen 6,7,8 und 9 zählen. Seltener ist bei der Formulierung nur 7 und 8 gemeint. Wenn der Lehrer gut mitdenkt, verwendet er hierfür Formulierungen wie „einschließlich/inklusive der Randwerte/ Intervallgrenzen" oder „ausschließlich/exklusive der Randwerte/Intervallgrenzen", um Missverständnisse zu vermeiden. Wir rechnen hier „inklusive der Intervallgrenzen", also mit 6 und 9. Der Wahrscheinlichkeits-Ausdruck heißt dann $P(6 \leq X \leq 9)$.

Schritt 3: Streng genommen stecken in der Aussage $6 \leq X \leq 9$ gleich zwei Ungleichungen drin. Gleichwertige Aussagen sind hier übrigens $9 \geq X \geq 6$ ebenso wie $5 < X < 10$ und $10 > X > 5$. Bitte versuche immer, soweit wie möglich in eine „Kleiner-Gleich"-Argumentation zu kommen, also mit dem erstgenannten Ausdruck $6 \leq X \leq 9$ zu arbeiten. Wenn du unsicher mit dem Umformulieren der Ausdrücke bist, sieh dir bitte nochmal die Abbildung 3 auf Seite 26 an.

Die Rechnung arbeitet nun mit der Zerlegung des Wahrscheinlichkeits-Ausdruckes.

P(6≤ X ≤9)   = P(X ≤9) – P(X ≤5)

Warum dies so ist, zeigt Abbildung 5.

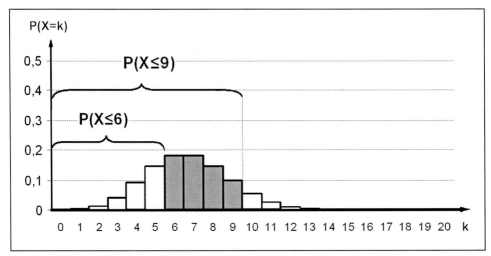

Abbildung 5: Zerlegung von P(6≤ X ≤9) in zwei Ausdrücke

Der gesuchte Bereich P(6≤ X ≤9) ist repräsentiert durch die grau markierte Fläche über den Werten 6 bis 9. Da die Tabelle F(n; p; k) immer Kleiner-Gleich-Ausdrücke liefert, muss die Zerlegung in zwei solche Ausdrücke erfolgen. Hierfür liest man aus der Tabelle zunächst die Fläche bzw. die Wahrscheinlichkeit über den Werten 0 bis 9 mit

P(X ≤9) = F(20; 1/3; 9) = 0,9081

In diesem Wert steckt jetzt aber mehr als die verlangte grau markierte Wahrscheinlichkeit. Der weiße Bereich links von grauen Markierung ist mit enthalten, obwohl er in der Aufgabenstellung nicht gefragt war. Dieser zuviel enthaltene Wert entspricht der Wahrscheinlichkeit über den k-Werten 0 bis 5 (NICHT 6 – ein immer wieder gern gemachter Fehler!). Diese beträgt

P(X ≤5) = F(20; 1/3; 5) = 0,2972

Das Ergebnis erhält man durch Subtraktion beider Zahlen.
= 0,9081 – 0,2972 = 0,6109

Möglich gewesen wäre als Lösungsansatz auch die Addition der „grauen" Wahrscheinlichkeits-Balken durch B(n; p; k). Schließlich sind es nur vier Werte.

$$P(6 \leq X \leq 9) = P(X=6) + P(X=7) + P(X=8) + P(X=9)$$
$$= 0,1821 + 0,1821 + 0,1480 + 0,0987$$
$$= 0,6109$$

Beispiel 13:
Die Wahrscheinlichkeit, dass zwischen 6 und 9 mal eine Augenzahl erscheint, die größer als 2 ist.

Schritt 1: Das Trefferereignis sind wieder die Augenzahlen 3 bis 6, daher p=4/6 = 2/3.

Schritt 2: Hier gilt alles bei Beispiel 12 Gesagte, da die Argumentation völlig unabhängig von der Trefferwahrscheinlichkeit ist.

Schritt 3: Die Rechnung erfolgt Schritt für Schritt genau wie bei Beispiel 12. Lediglich das Ablesen der Werte erfolgt jetzt, da p>0,5 ist, mittels der grau unterlegten Werte und der Subtraktion von 1. Dies ist mehr eine Frage der Sorgfalt als des Verständnisses. Um nicht den Überblick zu verlieren, empfehle ich die Lösung Schritt für Schritt mit der Verwendung von Klammern, hier habe ich dazu eckige Klammern benutzt.

$$P(6 \leq X \leq 9) = P(X \leq 9) - P(X \leq 5) = [\,1 - 0,9624\,] - [1 - 0,9998\,] = 0,0376 - 0,0002 = 0,0374$$

Hast du es selbst herausgefunden? Wenn ja, herzlichen Glückwunsch. Wie gesagt, bei derartigen Aufgaben ist es vor allem wichtig, einen Schritt nach dem anderen zu gehen und sich nicht unnötig unter Druck zu setzen. Dies gilt übrigens nicht nur für das Training und die Hausaufgaben, sondern gerade auch in der Klassenarbeit. Bitte gewöhne dir grundsätzlich an, in Klassenarbeiten das gleiche Lösungstempo, den gleichen Rhythmus zu halten wie im Training. Das bedeutet: SORGFÄLTIG und LANGSAM! Die erforderliche Schnelligkeit muss durch das Training entstehen, nicht durch die Hektik! Wenn ein Rennfahrer im Rennen plötzlich doppelt so schnell in die Kurve fährt wie im Training, dann landet er schließlich auch an der Begrenzungsmauer. Der Hinweis auf Sorgfalt ist so wichtig, dass eigentlich alle Seiten in all meinen Mathe-Dschungelführern voll von solchen Belehrungen sein müssten. Aber dafür würde ja niemand Geld ausgeben... ☺

Formulierung	Trefferwahrscheinlichkeit	
	$p \leq 0,5$	$p \geq 0,5$
Höchstens k Treffer $P(X \leq k)$	Direkt ablesen in Tabelle unter F(n; p; k) ➔ $P(X \leq k)$ = Ablesewert	Grau unterlegte Werte ablesen ➔ $P(X \leq k) = 1 -$ Ablesewert
Mehr als k Treffer $P(X > k)$	1. Gegenargumentation herstellen $P(X > k) = 1 - P(X \leq k)$ 2. $P(X \leq k)$ in Tabelle ablesen bei F(n; p; k) ➔ $P(X > k) = 1 -$ Ablesewert	1. Gegenargumentation herstellen $P(X > k) = 1 - P(X \leq k)$ 2. Grau unterlegte Werte ablesen $P(X \leq k) = 1 -$ Ablesewert ➔ $P(X > k) = 1 - [1 -$ Ablesewert$]$
Zwischen k1 und k2 Treffern $P(k1 \leq X \leq k2)$	1. In zwei Ausdrücke verwandeln $P(k1 \leq X \leq k2) = P(X \leq k2) - P(X \leq k1-1)$ 2. In der Tabelle ablesen bei F(n; p; k2) und F(n; p; k1-1) ➔ $P(k1 \leq X \leq k2)$ = großer Ablesewert − kleiner Ablesewert	1. In zwei Ausdrücke verwandeln $P(k1 \leq X \leq k2) = P(X \leq k2) - P(X \leq k1-1)$ 2. Grau unterlegte Werte ablesen F(n; p; k2) = 1 − Ablesewert2 und F(n; p; k1-1) = 1 − Ablesewert1 ➔ $P(k1 \leq X \leq k2) = [1 -$ Ablesewert2$]$ − $[1 -$ Ablesewert1$]$

Tabelle 2: Lösungsmethodik für unterschiedliche Aufgabentypen

Die Tabelle ist nichts zum Auswendiglernen. Sie ist vielmehr dazu gedacht, dass du dir die Beispiele 4 bis 13 noch einmal gründlich anschaust und versuchst zu erkennen, welches Beispiel zu welchem Fall gehört. Nach etwas Übung schaffen es die meisten eigentlich recht gut, wenn sie folgende zwei Dinge immer beachten:

1. Sei sorgfältig mit der Abgrenzung. Frage dich immer: Welcher Wert von k gehört noch zu der gefragten Anzahl von Treffern, und welcher Wert von k gehört schon nicht mehr dazu? Achte dabei besonders auf die feinen Unterschiede zwischen kleiner-als, kleiner-gleich, größer-als und größer-gleich.

2. Bei Benutzung der grau markierten Tabellenwerte solltest du erstmal konsequent mit dem Klammerausdruck [1 − Ablesewert] argumentieren. Nicht selten wird ansonsten die zweite 1 oder irgend ein Vorzeichen vergessen. Ich habe dafür meine ganz persönliche Erklärung − nicht sehr wissenschaftlich, aber doch dutzendfach bewährt:

Das menschliche Gehirn hat viele verschiedene Programme. Diese gleichzeitig zu aktivieren, ist ungefähr so, als wenn du einen Handstand machen und dabei die Namen deiner Familienangehörigen rückwärts buchstabieren solltest. Wenn du einen logischen Zusammenhang herstellst (z.b. Formulierung einer Gegenwahrscheinlichkeit), dann arbeitet dein „Logik-Programm". Wenn du eine einfache Kopfrechenaufgabe löst, z.B. $1 - 0{,}543$, dann arbeitet dein „Rechen-Programm" (oder bei manchen Leuten auch das „Ich-tippe-jetzt-in-meinen-Taschenrechner-Programm"). Wenn du aus einer eng gedruckten Tabelle einen Wert abliest, dann arbeitet dein „Mensch-verdammt-sind-das-kleine-Ziffern-Programm" und dein „bin-ich-überhaupt-in-der-richtigen-Tabelle-?-Programm". Es gibt Menschen, die können all das gleichzeitig. Und es gibt eine weitaus größere Zahl Menschen, DIE DENKEN, sie könnten all das gleichzeitig. Aber eine Mathearbeit, in der es nur für richtige Lösungen Punkte gibt, ist sicher nicht der geeignete Ort, um herauszufinden, zu welcher Kategorie du gehörst...

Um es noch einmal seriös zu formulieren: Bei diesem Aufgabentyp fordert dich jeder Schritt auf eine andere Art und Weise. Deshalb zerlege dir die Aufgabe in Teilaufgaben, mit denen du leichter fertig wirst. Leider sind hier die Mathelehrer, deren Gehirn durch Training und/oder Begabung mehrere Schritte gleichzeitig richtig verarbeiten kann, nicht immer das beste Vorbild.

Jetzt kommen die Aufgaben, in denen das Gesagte angewendet werden muss. Im Allgemeinen steigert sich der Schwierigkeitsgrad und bei einigen Aufgaben ist auch etwas Transferwissen (für die Einser-Kandidaten und Leistungskurs-Schüler) erforderlich. Möglicherweise hast du das Buch bis hier ganz locker gelesen und dabei gedacht: „Eigentlich ist es ja ganz einfach." Schön, dann habe ich soweit mein Ziel erreicht. Doch jetzt nutze bitte umso mehr die Chance, erst selbst zu denken und dann die Lösung zu lesen. Jede selbst entwickelte Lösung bringt dir einen ungleich höheren Lernzuwachs! Viel Erfolg.

5. Aufgaben mit ausführlichen Lösungen

Aufgabe 1

Für ein Glücksrad sei die Wahrscheinlichkeit 20%, auf einem Gewinnfeld stehen zu bleiben. Die Spieler dürfen fünf Mal drehen. Für jede Gewinnrunde erhält der Spieler einen Gutschein. Zum Schluss können mit den Gutscheinen verschiedene Preise aus einer vielfältigen Auswahl „gekauft" werden. Wie groß ist die Wahrscheinlichkeit

a) bei fünf Spielen genau 3 Gutscheine zu gewinnen?

b) bei fünf Spielen mindestens 3 Gutscheine zu gewinnen?

c) Welche dieser Fragen, a) oder b), ist für einen Spieler interessanter, wenn er es auf die Rose abgesehen hat? Die Rose kostet genau drei Gutscheine.

Lösung zu Aufgabe 1

Falls diese Aufgabe Probleme bereitet, sieh dir noch einmal das „Kochrezept" auf Seite 13 an.

a) Als Trefferereignis bietet sich der Fall an, dass das Glücksrad einen Gewinn liefert, somit ist p=0,2. Der Gedanke „fünf Spielrunden" führt zu n=5 . 3 Gewinne bedeutet, der Trefferzähler X soll den Wert 3 annehmen. Gesucht ist also die binomiale Wahrscheinlichkeit P(X=3), die beschreibt, also dass nach 5 Versuchen genau 3 Treffer (und daher 2 Nieten) auftreten. Dieses Ereignis kann auf $\binom{5}{3}=10$ Arten (sog. „Permutationen") auftreten.

$$P(A) = P(X=3) = B(5;\ 0,2\ ;3) = \binom{5}{3} \bullet (0,2)^3 \bullet (0,8)^2 \approx 0,0512$$

b) „Mindestens 3 Gewinne" ist in der Formelsprache P(X ≥3). Lösung entweder durch Addieren der zugehörigen Wahrscheinlichkeiten P(X=3) + P(X=4) + P(X=5), oder besser durch Umformulierung des Ausdruckes in einen Tabellenwert F(n; p; k).

$$P(B) = P(X \geq 3) = 1 - P(X \leq 2) = 1 - F(5;\ 0,2\ ;2) \approx 0,0579$$

Falls die Umformulierung Probleme bereitete, lies bitte nochmals Beispiel 6 auf Seite 28.

c) Wenn für den Spieler gilt: „Ich will die Rose haben", dann sind für ihn alle Ausgänge des Experimentes als günstig einzustufen, die ihm den Erwerb der Rose ermöglichen. Es ist also hierbei nicht wichtig, ob der Spieler noch Gutscheine übrig behält und was er gegebenenfalls damit macht. Die Wahrscheinlichkeit, die Rose zu bekommen ist also entsprechend Aufgabe b) zu rechnen: $0{,}0579 = 5{,}79\%$

Übrigens: Auch in der Realität und in der Stochastik geht es sehr viel häufiger darum, eine bestimmte Mindest- oder Höchstzahl von Treffern zu erzielen als eine bestimmte Anzahl von Treffern.

Aufgabe 2

Die Wahrscheinlichkeit, dass ein Tag im Juni in Deutschland niederschlagsfrei ist, sei 80%. Wie wahrscheinlich sind dann folgende Ereignisse? Überlege bitte, bevor du rechnest: Stehen hier Gegenereignisse zueinander? Wenn nein – wie müsste man nach dem Gegenereignis fragen?

a) A: Fünf Tage nacheinander Regen

b) B: Fünf Tage nacheinander kein Niederschlag

c) C: An 14 Tagen insgesamt die Hälfte der Tage mit und die Hälfte ohne Niederschlag

d) D: In zwei Wochen insgesamt eine Woche ohne und eine mit Niederschlag

e) E: Im ganzen Monat an 10 Tagen Niederschlag

Lösung zu Aufgabe 2

Nehmen wir zum einfacheren Sprachgebrauch einmal an, es gebe nur „Regentage" und demgegenüber „Sonnentage". Zu Beginn der Aufgabe hat man die freie Wahl, welche von beiden als Treffer und Niete gelten sollen[15]. Ich zeige hier die kompliziertere (weil mit p>0,5 arbeitende) Variante bei der die „Sonnentage" die Treffer sind. Dann gilt p=0,8 und q= 0,2.

a) Fünf Tage nacheinander Regen bedeutet n=5, wobei 5 mal das Nietenereignis „Regen" eintritt. Der Trefferzähler X ist somit X=0.

$$P(X=0) \ = \ B(5;\,0,8;\,0) \ = \ \binom{5}{0} \bullet 0,8^0 \bullet 0,2^5 \ = \ 0,2^5 \ = 0,00032 = 0,032\%$$

Auch möglich ist hier, in der Tabelle nachzuschlagen (graue Werte p und k ablesen).

Das Gegenereignis ist hier übrigens keinesfalls b), sondern „alle denkbaren Häufigkeiten von Regen, außer Regen an fünf Tagen". In Formelsprache: Die Zufallsgröße X (Anzahl der Sonnentage) kann grundsätzlich alle Werte von 0 bis 5 annehmen. Das Ereignis X=0 wurde betrachtet. Also beinhaltet das Gegenereignis alle Fälle, in denen X=1, X=2, X=3, X=4 oder X=5 ist. Dies lässt sich einfacher mit $1 \leq X \leq 5$ oder $X \geq 1$ ausdrücken. $X \geq 1$ ohne Angabe der 5 reicht aus, da sie sich bei 5 Versuchen von allein versteht. Falls nicht, dann verrate mir doch bitte, wie du nach 5 Versuchen 6 Treffer erzielen willst ☺.

---

[15] Keinesfalls muss immer das, was man als schöner empfindet, auch der Treffer sein. Jungen und Mädchen, Raucher und Nichtraucher, Muslime und Christen – alles wird von der Mathematik völlig wertneutral und gleichberechtigt behandelt. Die Begriffe „Treffer" und „Niete" dienen lediglich der Prägnanz, da das menschliche Vorstellungsvermögen in vielen Fällen leider anders funktioniert.

b) Fünf Tage nacheinander ohne Niederschlag bedeutet: Sonnenschein pur! Der Trefferzähler X nimmt den Wert X=5 an.

$$P(X=5) = B(5; 0,8; 5) = \binom{5}{5} \cdot 0,8^5 \cdot 0,2^0 = 0,8^5 = 0,32768 \approx 32,77\%$$

Auch hier kann mit n=5, p=0,8 und k=5 in der Tabelle nachgeschlagen werden.

Gegenereignis ist hier X <5 bzw. X ≤4 bzw. verbal: „Höchstens 4 Sonnentage"

c) „Die Hälfte Sonnentage, die Hälfte Regentage" bedeutet bei n=14 Tagen: Insgesamt 7 Tage Regen und 7 Tage Sonne. Diese müssen selbstverständlich nicht aufeinander folgend sein, sondern können bunt gemischt sein, eine Voraussetzung für die Formel von Bernoulli. Die Zufallsgröße X nimmt also den Wert 7 an, und zwar unabhängig davon, was du als Treffer und Niete festgelegt hast.

$$P(X=7) = B(14; 0,8; 7) = \binom{14}{7} \cdot 0,8^7 \cdot 0,2^7 \approx 0,00921 \approx 0,92\%$$

Hier muss gerechnet werden, da es in diesem Buch keine Tabelle für B(14; p; k) gibt. Zum Gegenereignis nehme ich Stellung bei d).

d) Hast du es gemerkt? Hier ist exakt das gleiche Ereignis formuliert wie bei c), denn die Reihenfolge der Erwähnung von Regen- und Sonnentagen spielt für den Rechenweg und die Aussage dahinter keine Rolle. Diese Aufgabe zeigt dir vielleicht einmal mehr, wie sorgfältig man gerade in der Stochastik die Aufgabe lesen muss – aber das erwähnte ich weiter oben glaube ich schon...

Zum Thema Gegenereignis: Bei n=14 Versuchen kann die Zufallsgröße X alle Werte von 0 bis 14 annehmen. Da Ereignis C wie auch D nach X=7 Treffern fragt, bleiben alle anderen Werte von kleineren und größeren X für das Gegenereignis übrig. Nur der Vollständigkeit halber, da selten gefragt, die entsprechende Formelsprache[16]:

$$P(\overline{D}) = P(X{\neq}7) = P(X \leq 6 \ \vee \ X \geq 8) = P(X \leq 6) + P(X \geq 8)$$

---

[16] ∨ - Das mathematische ODER bedeutet, ein Ereignis gilt dann als eingetreten, wenn das Ereignis VOR oder HINTER den ODER-Zeichen eingetreten ist.

e) Im ganzen Monat heißt für den Fall Juni: Über n=30 Tage beobachtet. Gesucht ist die binomiale Wahrscheinlichkeit für X=20 Treffer (Sonnentage) bei 10 Nieten (Regentage).

$$P(X =20) = B(30; 0,8; 20) = \binom{30}{20} \cdot 0,8^{20} \cdot 0,2^{10} \approx 0,0355$$

Das Gegenereignis zu „Genau 20 Treffer" ist „etwas anderes als 20 Treffer" bzw. „mehr oder weniger als 20 Treffer". Der entsprechende Wahrscheinlichkeitsausdruck ist

$$P(\overline{E}) = P(X{\neq}20) = P(X \leq 19 \ \text{v} \ X \geq 21) = P(X \leq 19) + P(X \geq 21)$$

Aufgabe 3

Die Wahrscheinlichkeit, dass ein Fußballtrainer der 1. Bundesliga mit seiner Mannschaft den Klassenerhalt schafft, sei bei fester Stamm-Mannschaft und gleichbleibenden Trainingsmethoden 40%. Wie groß ist die Wahrscheinlichkeit, dass diese Mannschaft

a) drei Saisons hintereinander den Klassenerhalt schafft?

b) in drei Saisons, die sie im Verlaufe mehrerer Jahre in der 1. Bundesliga spielt, jedesmal wieder absteigt?

c) Wieviele Saisons müsste diese Mannschaft theoretisch in der 1. Liga spielen, damit sie mit einer Wahrscheinlichkeit von mindestens 90% wenigstens einmal den Klassenerhalt schafft?

Lösung zu Aufgabe 3

Auch hierbei handelt es sich um ein Bernoulli-Experiment, bei dem die drei Kriterien (vergleiche Seite 11) erfüllt sind. Das Trefferereignis „Klassenerhalt" hat die Wahrscheinlichkeit $p=0,4$.

a) Die Entscheidung „Treffer oder Niete" fällt 3 Saisons hintereinander, somit ist die Länge der Versuchsreihe $n=3$. Ereignis A ist die Wahrscheinlichkeit, nach 3 Versuchen genau 3 Treffer (und keine Niete) zu erzielen. Rechnet man konsequent mit den Formeln zu diesem Thema, so ergibt sich:

$$P(A) = P(X=3) = B(3; 0,4 ;3) = \binom{3}{3} \bullet (0,4)^3 \bullet (0,6)^0 = 0,064$$

Natürlich kann man hier auch einfach „klassisch" $P(A) = 0,4^3$ rechnen.

b) Vielleicht hast du es gemerkt: Die Aufgabe musste von mir für die Formel von Bernoulli passend gemacht werden, hierfür ist der etwas umständliche Nebensatz „die sie im Verlaufe mehrerer Jahre in der 1. Bundesliga spielt" nötig. Schließlich darf das zugrundeliegende Experiment bzw. p nicht verändert werden. Es handelt sich also bei den geltenden Aufstiegs- und Abstiegsregeln um $n=3$ Saisons aus drei nicht aufeinander folgenden Jahren. Anders gesagt: Wir betrachten $n=3$ CHANCEN dieser Mannschaft zum Klassenerhalt und interessieren uns dafür, dass keine dieser drei Chancen verwertet werden konnte.

$$P(B) = P(X=0) = B(3; 0,4 ;0) = \binom{3}{0} \bullet (0,4)^0 \bullet (0,6)^3 = 0,216$$

c) Die Frage könnte ebenso heißen: Wie viele Chancen müsste die Mannschaft bekommen, damit sie mit mindestens 90-prozentiger Sicherheit den Klassenerhalt wenigstens einmal schafft? In der Sprache der Bernoulli-Experimente heißt dies: Wie viele Versuche n muss die Versuchsreihe haben, damit die Wahrscheinlichkeit für „mindestens ein Treffer" wenigstens 90% beträgt? Für welches n gilt: $P(X \geq 1) \geq 0,9$?

Gesucht ist hier also n, alles andere muss darum herum in Formelsprache entwickelt werden. Denn in der Mathematik werden Unbekannte letztlich immer dadurch bestimmt, dass man EINE Gleichung mit dieser EINEN Unbekannten bekommt. Wie kommt man also zu dieser Gleichung?

In $P(X \geq 1)$ steckt der Ausdruck $1 - P(X \leq 0)$. Und „höchstens Null Treffer" ist gleichbedeutend mit „genau Null Treffer", da ja keine negativen Zahlen für X erlaubt sind. „Genau Null Treffer" ist schließlich ein Tabellenwert der Binomialverteilung B(n; p; k).

$P(X \geq 1)$	$\geq$	$0,9$	| Argumentation mit Gegenwahrscheinlichkeit
$1 - P(X \leq 0)$	$\geq$	$0,9$	| $- 1$
$- P(X \leq 0)$	$\geq$	$- 0,1$	| $: (- 1)$ Achtung! Ungleichheitszeichen ändert die Richtung!
$P(X \leq 0)$	$\leq$	$0,1$	| kleiner gleich Null tritt nur ein bei X=0
$P(X = 0)$	$\leq$	$0,1$	| Formulierung als B(n; p; k)
$B(n; 0,4; 0)$	$\leq$	$0,1$	

Beachte, dass sich das Ungleichheitszeichen bei Multiplikation und Division mit einer negativen Zahl dreht!

Man könnte nun, wenn man Tabellen zur Binomialverteilung für alle möglichen Werte von n hätte, einfach so lange durch die Tabellen forsten, bis man eine Tabelle entdeckt hat, bei der der passende Wert steht $B(n; 0,4; 1) \approx 0,100$. Dies leisten die meisten Bücher nicht – außerdem entspricht es der Methode „Herumprobieren-bis-es-passt" und das mögen Mathematiker nicht besonders gern. Zum Glück braucht man es hier auch nicht, wenn man die Bernoulli-Formel kennt.

$$B(n;\ p;\ k) = \binom{n}{k} \bullet p^k \bullet q^{n-k}$$

Somit gilt:

$$B(n; 0,4; 0) \leq 0,1$$

$$\binom{n}{0} \bullet 0,4^0 \bullet 0,6^{n-0} \leq 0,1$$

Nun hat man das Problem, dass das gesuchte n hier an zwei verschiedenen Stellen auftritt – das macht es normalerweise immer sehr kompliziert, die Gleichung umzustellen. Dies ist allerdings kein Problem, wenn man sich erinnert, dass der sogenannte Binomialkoeffizient $\binom{n}{k}$ für k=0 immer 1 liefert, egal wie groß oder klein n ist[17]. Und auch bei p^0 sollte ziemlich schnell klar sein, dass es 1 ist. Es bleibt also nur noch:

$$0,6^n \leq 0,1$$

Wie bekommt man nochmal die Unbekannte aus dem Exponenten herunter? – Richtig, mit dem bei Schülern überaus unbeliebten Logarithmus. Zunächst sucht man dazu den Grenzwert n, bei dem beide Seiten gleich sind. Da das Thema zu Analysis gehört, hier nur die knappe Lösung

$$0,6^n = 0,1 \quad | \ln \ldots \quad | : \ln 0,6$$

$$n = \frac{\ln 0,1}{\ln 0,6} \approx 4,508$$

Da n nur ganzzahlige Werte annehmen kann, sind es also entweder n=4 oder n=5. Wenn man sich nicht auf eine ziemlich anspruchsvolle Diskussion über Monotonieverhalten von Funktionen einlassen will, prüft man beide in Frage kommende Werte am besten schnell mit dem Taschenrechner:

i) $\quad 0,6^5 = 0,0778$ ii) $\quad 0,6^4 = 0,1296$

Kleiner-gleich 0,1 ist von diesen beiden nur $0,6^5$. Somit ist n=5 die Lösung.

Je häufiger die Mannschaft in der 1. Liga spielt, umso höher ist die Wahrscheinlichkeit, dass sie dabei auch einmal in einer Saison den Klassenerhalt schafft. Ab einer Zahl von 5 Saisons ist die Chance, dass wenigstens einmal der Klassenerhalt gelingt, immerhin schon knapp über 90%.

Derartige Aufgaben wie 3c) sind übrigens bei Lehrern recht beliebt, weil sie ein Querdenken zwischen der Stochastik und der Analysis erfordern. Wer notenmäßig nur das Mittelfeld anstrebt, kann hier aber gern auch Mut zur Lücke zeigen.

---

[17] Im „Mathe-Dschungelführer Stochastik Kombinatorik 1" habe ich die Herleitung des Binomialkoeffizienten ausführlich beschrieben und den Tipp gegeben, dass „n über k" für die „Anzahl der k-Mengen, die aus einer n-Menge gleichzeitig gezogen werden können" steht. Eine „Nullmenge" kann aus einer Urne mit n Kugeln immer nur auf eine Art „gezogen" werden, nämlich indem man nichts aus der Urne zieht.

Aufgabe 4

Mehr zum Nachdenken als zum Rechnen: In einer Lostrommel befinden sich 20 Gewinnlose und 80 Nieten. Bestimme die Wahrscheinlichkeit für die Ereignisse A, B und C.

a) A: Jemand, der 5 Lose gekauft hat, hat mindestens 2 Gewinnlose.
b) B: Jemand, der 20 Lose gekauft hat, hat mindestens 8 Gewinnlose.
c) C: Jemand, der 100 Lose gekauft hat, hat mindestens 40 Gewinnlose.

Lösung zu Aufgabe 4

Viele Schüler sehen hier spontan eine Binomialverteilung mit p=0,2. Aber es gibt gute Gründe, hier nicht mit der Formel und den Tabellen zu den Bernoulli-Experimenten zu rechnen. Bitte erst weiterlesen, wenn du selbst drauf gekommen bist! Notfalls schau dir noch einmal die drei Kriterien für die Formel von Bernoulli an (1.3. Verallgemeinerung von Beispiel 1 – fünfmaliges Würfeln , Seite 11).

Wohl jeder war schon einmal bei einem solchen Fest, wo es diese Losverkäufer gibt: Man muss einfach nur immer der Müll-Spur von weggeworfenen Losen folgen, um sie zu finden. Und genau darum geht es hier! Ziehen mit Zurücklegen ist nämlich etwas anderes als Los Kaufen und in die Gegend Schmeißen. Im Klartext: Das Kriterium 2 „Durchführung von n GLEICH-ARTIGEN Experimenten" ist hier nicht erfüllt. Je nachdem, welche Lose aus dem Topf entnommen werden, verändert sich das Verhältnis von Treffern zu Nieten unter den verbleibenden Losen. Mit anderen Worten: Wenn ich beobachte, dass drei Leute vor mir dicke Hauptgewinne abräumen, dann könnte es sein, dass sich der Anteil der Nieten erhöht hat und damit meine eigenen Gewinnaussichten kleiner geworden sind.

Nun kann man dagegen halten: Es sind ja so viele Lose im Topf – da kann doch die Entnahme weniger Lose nicht viel ausmachen. Stimmt! Und deswegen habe ich die Ereignisse A, B und C konzipiert. Wie ich gleich zeige, ist die Anwendung des Bernoulli-Formelwerkes bei der Entnahme kleiner Losmengen durchaus legitim, denn p und q bleiben hier annähernd konstant.

a) Wer mit der Binomialverteilung gerechnet hat, egal ob durch Achtlosigkeit oder bewußter Vereinfachung, erhält:

$$P(A) = P(X \geq 2) = 1 - P(X \leq 1) = 1 - F(5; 0,2; 1) \approx 1 - 0,7373 = 0,2627 = 26,27\%$$

Richtig müsste man rechnen mit dem Abzählverfahren[18] für den Fall „Ziehen ohne Zurücklegen und ohne Berücksichtigung der Reihenfolge". Dabei müssen mangels Tabelle die Wahrscheinlichkeiten für alle Einzelfälle aufaddiert werden. Man spart etwas Arbeit, wenn man mit dem Gegenereignis argumentiert.

$$P(A) = P(X \geq 2) = 1 - [\, P(X=0) + P(X=1)\,]$$

Im Rahmen einer Nebenrechnung ermitteln wir die gesuchten $P(X=0)$ und $P(X=1)$ als Brüche aus den „günstigen Fällen" dividiert durch die „möglichen Fälle". Das Gesamt-experiment ist das Ziehen einer 5-Menge aus einer 100-Menge. Dafür gibt es $\binom{100}{5}$ Möglichkeiten, etwa 75 Millionen. Diese gehören in den Nenner des Bruches.

Die im Sinne der Wahrscheinlichkeit „günstigen" Fälle sind die zum Ereignis gehörenden Möglichkeiten. Dies sind bei $X=0$ alle Ziehungen einer Nullmenge aus einer Menge von 20 Treffern, multipliziert mit der Anzahl aller 5-Mengen aus der 80-Menge der Nieten.

$$P(X = 0) = \frac{\binom{20}{0} \cdot \binom{80}{5}}{\binom{100}{5}} = \frac{1 \cdot 24040016}{75287520} \approx 0,3193$$

Bei $X=1$ besteht der Zähler aus der Anzahl aller 1-Mengen aus der Menge der 20 Treffer und der Anzahl aller 4-Mengen aus der Menge der 80 Nieten.

$$P(X = 1) = \frac{\binom{20}{1} \cdot \binom{80}{4}}{\binom{100}{5}} = \frac{20 \cdot 1581580}{75287520} \approx 0,4201$$

Damit ist die Nebenrechnung abgeschlossen. Es ergibt sich für den korrekten Wert

$$P(A) = 1 - [\, P(X=0) + P(X=1)\,] = 1 - [0,3193 + 0,4201\,] \approx 26,06\%$$

Jetzt haben wir eine ganze Seite gerechnet, und sind fast wieder beim Ergebnis wie zuvor nach nur einer Zeile Rechnung, dem Näherungswert $P(A) \approx 26,27\%$. Es ist also durchaus geschickt, hier mit der Binomialverteilung zu rechnen (Solange man es bewußt tut).

---

[18] Dem Thema Abzählen unübersichtlicher Mengen durch Modellierung mit Urnen-Experimenten ist der „Mathe-Dschungelführer Stochastik Kombinatorik 1" gewidmet. Da dieses Thema ein Dauerbrenner ist, ist eine Ausgabe „Kombinatorik 2 – Rechnen mit Wahrscheinlichkeiten" noch geplant.

b) Mindestens 8 Gewinnlose bei 20 Gekauften bedeutet P(X ≥8) mit n=20. Immerhin zu Beginn des Experimentes gilt außerdem p=0,2. Die Näherungsrechnung mit der Binomialverteilung liefert:

$$P(B) = P(X ≥8) = 1 - P(X ≤7) = 1 - F(20; 0,2; 7) ≈ 1 - 0,9679 = 0,0321 = 3,21\%$$

Die korrekte Rechnung benötigt hier 8 Bruchausdrücke ähnlich wie bei A. Aus Platzgründen habe ich sie weggelassen und mir den Wert statt dessen am PC berechnet.

$$P(B) = 1 - P(X ≤7) = 1 - [P(X=0) + P(X=1) + ... + P(X=6) + P(X=7)] ≈ 1,81\%$$

Der Schätzwert 3,21% weicht nun schon deutlich vom tatsächlichen Wert 1,81% ab.

c) Dies ist wieder eine Frage à la Mathe-Dschungelführer, die mehr zum Nachdenken als zum Rechnen konzipiert ist. Ich will nicht gleich alles verraten und rechne zunächst wieder mit der Näherungsformel zur Binomialverteilung. Zur Ermittlung von F(100; 0,2; 39) nutze ich wieder den PC[19]. Es ist bereits auf 6 gültige Dezimalziffern gerundet 1.

$$P(C) = P(X ≥40) = 1 - P(X ≤39) = 1 - F(100; 0,2; 39) ≈ 0\%$$

Ich hoffe, du hast jetzt nicht versucht, 40 Ausdrücke P(X=k) mit 0 ≤ k ≤39 durchzu-exerzieren. Denn spätestens ab P(X ≤21), also schätzungsweise zwei Stunden und 5 unbemerkte Rechenfehler später, zeigt der Taschenrechner plötzlich „Error". Denn mehr als 20 Gewinne sind nicht im Topf drin! Wer alle 100 Lose kauft, findet genau 20 Gewinnlose. Das Ereignis C ist unmöglich und hat die Wahrscheinlichkeit P(C)=0.

Das Ergebnis von Aufgabe 4:

Wenn die Grundgesamtheit, aus der gezogen wird (z.B. ein Topf voll mit Losen), wesentlich umfangreicher ist als die Anzahl der Versuche n, darf man auch ohne Zurücklegen mit der Binomialverteilung rechnen. p und q sind dabei nahezu konstant.

---

[19] Tabelle nicht in diesem Buch mitgeliefert

Aufgabe 5

Eine weiteres Training zum souveränen Umgang mit Kleiner- und Größer-Ausdrücken. In jeder Zeile beschreiben drei Ausdrücke jeweils das Gleiche und ein vierter etwas Anderes. Für alle Teilaufgaben gilt: n=5, p=0,4. X ist jeweils der Zähler für die Treffer. Eine weitere Zufallsgröße Y zählt jeweils die Anzahl der aufgetretenen Nieten. Es gilt daher X + Y =5.

Streiche jeweils den nicht passenden Ausdruck an und ermittle die Wahrscheinlichkeiten mithilfe der Tabellen ab Seite 51. Ein Tipp: Nimm dir Zeit, dies ist nichts für Eilige!

a) $P(X=2)$ $P(Y=3)$ $P(Y=4)$ 3 Treffer

b) $F(5; 0,4; 4)$ $P(Y≥1)$ $P(Y>0)$ weniger als 4 Treffer

c) $1 - F(5; 0,4; 3)$ $P(X>3)$ höchstens 1 Niete   höchstens 2 Nieten

d) $P(X<4)$ $P(0≤X≤3)$ $1 - P(X>4)$ $1 - P(X≥4)$

e) $P(X=2)$ $P(Y≠2)$ $1 - P(X≠2)$ $P(X=μ)$

f) $F(5; 0,6; 3)$ $F(5; 0,4; 2)$ $1 - P(Y≤2)$ $P(X≤2)$

g) bis zu 4 Treffer   höchstens 1 Niete $P(X≤4)$ weniger als 5 Treffer

h) $P(1≤ X ≤3)$ $P(X≤3) - P(X≤1)$ $P(X<4) - P(X <1)$ $P(Y≤4) - P(Y≤1)$

Lösung zu Aufgabe 5

Die Kunst hierbei ist es, nicht den Durchblick zu verlieren. Dies gelingt am besten, wenn man versucht, die gefragten X-Werte bildhaft darzustellen. Beispielsweise könnte man zunächst ein Balkendiagramm anlegen, vergleichbar mit Abbildung 2 auf Seite 20. Aus Platzgründen verwende ich hier einen kleinen Zahlenstrahl bzw. zwei Zahlenstrahlen für Treffer X und Nieten Y, die gegeneinander laufen. Grau markiert sind jeweils die 3 zusammenpassenden Ausdrücke.

a) $P(Y=4) = P(X=1) = 0,2592$
   Alle anderen: $P = 0,2304$

X	0	1	2	3	4	5
Y	5	4	3	2	1	0

b) P(„Weniger als 4 Treffer") $= P(X≤3) = 0,9130$
   Alle anderen: $P = 0,9898$

X	0	1	2	3	4	5
Y	5	4	3	2	1	0

c) P(„höchstens 2 Nieten") = P(Y≤2) = F(5; 0,6; 2)

X	0	1	2	3	4	5
Y	5	4	3	2	1	0

$\qquad$ = 1 − 0,6826 = 0,3174

Alle anderen: P = 1 − 0,9130 = 0,0870

d) 1 − P(X>4) = P(X≤4) = 0,9898

X	0	1	2	3	4	5
Y	5	4	3	2	1	0

Alle anderen: P = P(X≤3) = 0,9130

e) P(Y≠2) = 1 − P(Y=2) = 1 − B(5; 0,6; 2) = 0,7696

X	0	1	2	3	4	5
Y	5	4	3	2	1	0

Alle anderen: P = P(X=2) − 0,3456

μ steht für den Mittelwert bzw. Erwartungswert der Verteilung. Es gilt μ= n*p = 2

f) F(5; 0,6; 3) = 1 − 0,3370 = 0,6630

X	0	1	2	3	4	5
Y	5	4	3	2	1	0

Alle anderen P = P(X≤2) = P(Y>2) = 0,6826

g) P(„höchstens 1 Niete") = P(Y≤1) = F(5; 0,6; 1)

X	0	1	2	3	4	5
Y	5	4	3	2	1	0

$\qquad$ = 1 − 0,9130 = 0,0087

Alle anderen: P = F(5; 0,4; 4) = 0,9898

h) P(X≤3) − P(X≤1) = 0,9130 − 0,3370 = 0,5760

X	0	1	2	3	4	5
Y	5	4	3	2	1	0

Die anderen:

P(1≤ X ≤3)$\qquad$= P(X≤3) − P(X≤0) = 0,9130 − 0,0778 = 0,8352

P(X<4) − P(X <1) = P(X≤3) − P(X≤0) = 0,9130 − 0,0778 = 0,8352

P(Y≤4) − P(Y≤1) = F(5; 0,6; 4) − F(5; 0,6; 1) = [1 − 0,0778] − [1 − 0,9130] = 0,8352

Wenn man das Prinzip erst einmal verstanden hat, gehen nach meiner Erfahrung die meisten Punkte durch Flüchtigkeitsfehler bei genau diesen Umformungen verloren. Sicherlich ist es im Hausaufgaben- und Klausurenalltag nicht immer ganz so schwer wie hier. Dennoch rate ich: Überlege immer in Ruhe und schreibe am besten jeden einzelnen Umformschritt auf das Papier. Zur Tabelle sollte erst dann gegriffen werden, wenn der fertige Ausdruck B(n; p; k) oder F(n; p; k) niedergeschrieben ist.

Wenn dir diese Aufgabe auf Anhieb richtig gelungen ist, kannst du dieses Buch getrost an jemand anderen weiter schenken. Du wirst es vermutlich bis zur Prüfung nicht mehr brauchen.

Allen anderen sei gesagt: Übung macht den Meister!

Tabellenwerk

Tabellen zur Binomialverteilung P(X =k) = B(n; p; k)

n=5

k	p=0,1	p=1/6	p=0,2	p=0,3	p=1/3	p=0,4	p=0,5	
0	5905	4019	3277	1681	1317	0778	0313	5
1	3281	4019	4096	3602	3292	2592	1563	4
2	0729	1608①	2048	3087	3292	3456	3125	3
3	0081	0322	0512	1323	1646	2304	3125	2
4	0005	0032	0064	0284	0412	0768	1563	1
5		0001	0003	0024	0041	0102	0313	0
	p=0,9	p=5/6	p=0,8	p=0,7	p=2/3	p=0,6	p=0,5	k

④

n=20

k	p=0,1	p=1/6	p=0,2	p=0,3	p=1/3	p=0,4	p=0,5	
0	1216	0261	0115	0008	0003	0000	0000	20
1	2702	1043	0576	0068	0030	0005	0000	19
2	2852	1982	1369	0278	0143	0031	0002	18
3	1901	2379	2054	0716	0429	0123	0011	17
4	0898	2022	2182	1304	0911	0350	0046	16
5	0319	1294	1746	1789	1457	0746	0148	15
6	0089	0647	1091	1916	1821	1244	0370	14
7	0020	0259	0545	1643	1821	1659	0739	13
8	0004	0084	0222	1144	1480	1797	1201	12
9	0001	0022	0074	0654	0987	1597	1602	11
10		0005	0020	0308	0543	1171	1762	10
11		0001	0005	0120	0247	0710	1602	9
12			0001	0039	0092	0355	1201	8
13				0010	0028	0146	0739	7
14				0002	0007	0049	0370	6
15					0001	0013	0148	5
16						0003	0046	4
17							0011	3
18							0002	2
19								1
20								0
	p=0,9	p=5/6	p=0,8	p=0,7	p=2/3	p=0,6	p=0,5	k

③

① 0322 bedeutet 0,0322 und ist der Wert für B(5; 1/6; 3)

② vergleiche Tabelle 1, Seite 19 und Erklärungen

③ für große k bedeuten Leerfelder B(n; p; k) = 0 (auf 4 Dezimalstellen genau)

④ für p > 0,5 wird p aus dem grau unterlegten Feld abgelesen. Das zugehörige k wird nicht aus der linken, sondern aus der grau unterlegten rechten Spalte abgelesen. z.B. B(20; 0,7; 10) = 0,0308.

Tabellen zur kumulierten Binomialverteilung / Summenverteilung $P(X \leq k) = F(n; p; k)$

n=5

k	p=0,1	p=1/6	p=0,2	p=0,3	p=1/3	p=0,4	p=0,5	
0	5905	4019	3277	1681	1317	0778	0313	4
1	9185	8038	7373	5282	4609	3370	1875	3
2	9914	9645	9421	8369	7901	6826	5000	2
3	9995	9967	9933	9692	9547	9130	8125	1
4		9999	9997	9976	9959	9898	9688	0
	p=0,9	p=5/6	p=0,8	p=0,7	p=2/3	p=0,6	p=0,5	k

⑤

n=20

k	p=0,1	p=1/6	p=0,2	p=0,3	p=1/3	p=0,4	p=0,5	
0	1216	0261	0115	0008	0003	0000	0000	19
1	3917	1304	0692	0076	0033	0005	0000	18
2	6769	3287	2061	0355	0176	0036	0002	17
3	8670	5665	4114	1071	0604	0160	0013	16
4	9568	7687	6296	2375	1515	0510	0059	15
5	9887	8982	8042	4164	2972	1256	0207	14
6	9976	9629	9133	6080	4793	2500	0577	13
7	9996	9887	9679	7723	6615	4159	1316	12
8	9999	9972	9900	8867	8095	5956	2517	11
9		9994	9974	9520	9081	7553	4119	10
10	⑥	9999	9994	9829	9624	8725	5881	9
11			9999	9949	9870	9435	7483	8
12				9987	9963	9790	8684	7
13				9997	9991	9935	9423	6
14					9998	9984	9793	5
15						9997	9941	4
16							9987	3
17							9998	2
18								1
19								0
	p=0,9	p=5/6	p=0,8	p=0,7	p=2/3	p=0,6	p=0,5	k

⑤ Für p>0,5 wird p aus dem grau unterlegten Feld abgelesen. Das zugehörige k wird nicht aus der linken, sondern aus der grau unterlegten rechten Spalte abgelesen. Bei der KUMULIERTEN Binomialverteilung wird der Ablesewert dann noch von 1 subtrahiert. z.B. F(20; 0,7; 10) = 1 – 0,9520 = 0,048.

⑥ Für große k bedeuten Leerfelder F(n; p; k) = 1 (auf 4 Dezimalstellen genau)

Glossar

Bernoulli-Experiment	Wahrscheinlichkeitsexperiment, bei dem drei Dinge gelten: - Es wird n mal ein gleichartiges Einzelexperiment durchgeführt (d.h. „mit Zurücklegen") - Jedes Einzelexperiment in dieser Versuchsreihe kann den Ausgang „Treffer" oder „Niete" haben. - Das Ergebnis des Bernoulli-Experimentes ist die Anzahl der gezählten Treffer nach n Durchgängen Mathematisch werden diese Experimente mit der Binomialverteilung beschrieben.
Binomialverteilung	Verteilungsfunktion für Bernoulli-Experimente mit der Formel: $$P(X=k) = \binom{n}{k} \bullet p^k \bullet (1-p)^{n-k}$$ Oft benutzt man Tabellen mit verschiedenen Werten für n, p, k, um die Wahrscheinlichkeiten für $P(X=k)$ oder $P(X \leq k)$ zu ermitteln.
Diskrete Zufallsgröße	Zufallsgröße, die nur bestimmte Werte, in der Regel ganzzahlige, annehmen kann. Sie kann vollständig mit einer Tabelle beschrieben werden.
Erwartungswert	Der zentrale Wert einer Zufalsverteilung oder eines Zufallsexperimentes, auf den sich eine Zufallsvariable bei sehr häufiger Wiederholung des Experimentes „einpendelt".
Laplace-Experiment	Wahrscheinlichkeitsexperiment, bei dem alle Elementarereignisse mit gleicher Einzelwahrscheinlichkeit auftreten können, z.B. Würfeln, Münzwurf.
Parameter	Eine mit einem Buchstaben, z.B. n, gekennzeichnete Größe, die verschiedene Werte annehmen kann. Der Unterschied zur Variablen ist fließend – allerdings wird mit Parametern meist so gerechnet, als ob sie bekannt wären. So ist für einen Mathematiker eine „Lösung" x= 3n genauso befriedigend wie eine „echte Lösung" x=7.
Permutation	Vertausch-Möglichkeit/Anordnungsmöglichkeit einer n-Menge. Bei verschiedenen Elementen ist die Anzahl n!, z.B. bei einer 3-Menge mit 3 verschiedenen Elementen existieren 6=3 * 2 * 1 Möglichkeiten. Für alle gleichen Elemente dividiert man durch die Zahl der gleichen Elemente zur Fakultät. Z.B. lässt sich die Menge AAABBC auf 6! : (3! * 2!) Möglichkeiten anordnen, es sind also 60 verschiedene 6-stellige Ergebnisse mit diesem Vorrat der 3 Elementarereignisse darstellbar.
Standardabweichung	Oft S(x) oder σ(x). Ergibt sich aus der Wurzel der Varianz und hat die gleiche Aussagekraft wie diese.
Stetige Zufallsgröße	Zufallsgröße X, bei der zwischen zwei Werten jeweils noch unendlich viele Zwischenwerte existieren. Nur bedingt in einer Tabelle darstellbar – oft in Form einer mathematischen Formel gegeben. Berühmtester Vertreter ist die Standard-Normalverteilung.
Stochastik	Lehre von der Wahrscheinlichkeitsrechnung

Wahrscheinlich-keitsexperiment/ Zufallsexperiment	Mathematiker sprechen bei allen Versuchen, die etwas mit der Wahrscheinlichkeit zu tun haben, von Zufalls- oder Wahrscheinlichkeits-Experimenten. Damit ist es beispielsweise schon ein „Experiment", wenn man einmal würfelt.
Varianz	Oft VAR(X) oder $\sigma^2(x)$. Ein Maß, das Auskunft darüber gibt, wie weit die Werte einer Zufallsgröße X um den Erwartungswert streuen. Mit einer großen Varianz wird das Histogramm der Verteilungsfunktion flacher, mit einer kleinen Varianz steiler.
Zufallsgröße/ Zufallsvariable	Eine Zahl, zumeist mit dem Buchstaben X angegeben, die das Ergebnis eines Zufallsexperimentes in ein „abzählbares" Ergebnis überführt. Kein abzählbares Ergebnis ist z.B. die Unterscheidung eines Experiments, das als Ergebnis/Ausgang „rot", gelb", grün" haben kann. Demgegenüber kann (aber muss nicht) die Augenzahl eines Würfels als Zufallsgröße angesehen werden oder der Gewinn bei einem Glücksspiel. Hier kann X bei einem Verlust des Einsatzes sogar negative Werte annehmen.
	Durch Einführung einer Zufallsgröße sind vergleichende Aussagen wie, „doppelt so großes Ergebnis", „halb so großes Ergebnis" und die gesamte Rechnerei mit Erwartungswert und Varianz erst möglich. Zufallsgrößen lassen sich in Tabellen oder Histogrammen darstellen. Die häufigste Anwendung ist X als Zähler für die Anzahl der Treffer in einem Bernoulli-Experiment.